Fachwörterbuch
Mathematik

Fachwörterbuch Mathematik

Autor: Dr. Matthias Heidrich, Kantonsschule Wil
Inhaltliche Beratung: Eva Frenzel, Kantonsschule Romanshorn
Sprachliche Beratung: Catherine Sandwell, BA, University of London, Kantonsschule Wil
Gestaltung: Knut Dewald, Stockum-Püschen

Matthias Heidrich, Dr. rer. nat., hat an der Universität Heidelberg Physik und Mathematik studiert. Nach langjähriger Forschungstätigkeit am CERN in Genf hat er zunächst in der Versicherungsmathematik bei Swisslife in Zürich gearbeitet, um dann Lehrer für Physik und Mathematik bei Minerva (AKAD-Gruppe) in Zürich zu werden. Seit 2004 ist er Lehrer für Physik und Astronomie in deutscher und englischer Sprache an der Kantonsschule Wil.

Eva Frenzel hat an der Universität Konstanz Mathematik und Englisch studiert und unterrichtet an der Kantonsschule Romanshorn Mathematik in deutscher und englischer Sprache.

Catherine Sandwell hat an der University of London Deutsch und Englisch studiert und war von 2011 bis 2013 Englischassistentin an der Kantonsschule Wil.

Impressum:

© 2015 Matthias Heidrich
Herstellung und Verlag: **BoD – Books on Demand,
Norderstedt**
Bibliografische Information der Deutschen
Nationalbibliothek
ISBN 978-3-7392-1397-2

Inhalt

Vorwort

Als Student der Mathematik oder eines naturwissenschaftlichen Fachs an der Universität oder Hochschule wie auch als Schüler im Bilingualunterricht sieht man sich zunehmend mit der Anforderung konfrontiert, englischsprachige Mathematikbücher oder Arbeitsmaterialien lesen und verstehen zu können. Ebenso will man auch selbst Arbeiten und Veröffentlichungen in englischer Sprache verfassen.

Sucht man in den herkömmlichen Wörterbüchern, sei es in Buch- oder elektronischer Form, nach den Übersetzungen von mathematischen Fachbegriffen, so wird man kaum fündig oder gar in die Irre geführt.

Dieses Fachwörterbuch hingegen bietet die Übersetzung von ca. 1500 Begriffen aus den grundlegenden Gebieten der Mathematik vom Deutschen ins UK-Englische und umgekehrt.

Es besteht aus zwei Teilen, die unterschiedlichen Zwecken dienen:
Der erste Teil besteht aus einer alphabetischen Auflistung aller 1500 Begriffe. Er eignet sich zum schnellen Aufsuchen der Übersetzung von einzelnen englischen oder deutschen Fachbegriffen.
Im zweiten Teil sind diese Begriffe nach den Themen Algebra, Geometrie, Analysis, Vektorgeometrie sowie „Statistik und Wahrscheinlichkeitsrechnung" unterteilt gelistet. Innerhalb eines solchen thematischen Abschnitts sind zudem, wo sinnvoll, zusammengehörige Begriffe gruppiert. Dieser Teil ist speziell dazu geeignet, sich einen Überblick über das Vokabular eines einzelnen Kapitels der Mathematik zu verschaffen oder sogar den Wortschatz dieses Themas (anhand dieser „Vokabelliste") zu erlernen.

Benutzungshinweise

Den englischen bzw. deutschen Begriffen sind zum Teil Hinweise beigefügt, die durch eckige Klammern als solche gekennzeichnet sind:

Beispiel	Hinweis	Erklärung
Trapez trapezium [B. E.], trapezoid [A. E.]	[B. E.] [A. E.]	Im Britischen Englisch wird für Trapez der Begriff „trapezium" verwendet, während im Amerikanischen Englisch „trapezoid" üblich ist.
Cosinus cosine, cosinus [rare]	[selten] [rare]	„Cosinus" wird überwiegend mit „cosine" übersetzt. Die Übersetzung „cosinus" ist ungebräuchlich bzw. wird nur sehr selten benutzt.
locus (pl. loci) geometrischer Ort, Ortslinie	[sg.] [pl.]	Der Plural von „locus" ist „loci", und „locus" wird mit „geometrischer Ort" oder „Ortslinie" übersetzt.
die (game) [sg.] Würfel (Spiel) [sg.] **dice (game) [sg.] [coll.]** Würfel (Spiel) [sg.]	[ugs.] [coll.]	Würfel heisst auf Englisch im Singular „die", aber umgangssprachlich (Englisch: „colloquial") wird „dice" gesagt.
→ geometric object	→	Siehe Details unter „geometric object".
senkrecht [adj.] perpendicular, vertical	[adj.]	„senkrecht" als Adjektiv wird mit „perpendicular" oder „vertical" übersetzt.
senkrecht [adv.] perpendicular, perpendicularly, vertically	[adv.]	Als Adverb wird „senkrecht" mit „perpendicular", „perpendicularly" oder „vertically" übersetzt.

Teil 1
Englisch - Deutsch

Abelian group   Abelsche Gruppe
abscissa   Abszisse
absolute a   der Betrag von a
absolute frequency   absolute Häufigkeit
absolute value   Betrag
accuracy   Genauigkeit
acute angle   spitzer Winkel
acute triangle   spitzwinkliges Dreieck
to add   addieren
addend   Summand
addition   Addition
addition rule   Summenregel
addition sign   Summenzeichen
additive identity element   neutrales Element der Addition
additive inverse   inverses Element bezüglich der Addition
additive inverse element   inverses Element bezüglich der Addition
adjacent   Ankathete
adjacent angles   Seitenwinkel
adjacent sides   benachbarte Seiten
algebraic structure   algebraische Struktur
alternate angles   Wechselwinkel
alternating sequence   alternierende Folge
altitude (of a triangle)   Höhe (eines Dreiecks)
amount   Prozentwert
amount equals base times percentage   Prozentwert ist gleich Grundwert mal Prozentsatz
amplitude   Amplitude
angle   Winkel
angle bisector   Winkelhalbierende, Winkelsymmetrale
angle of rotation   Drehwinkel
angle-preserving   winkeltreu
annulus   Kreisring
anti-clockwise [adj.] [adv.] [B. E.]   im Gegenuhrzeigersinn
antiderivative   Stammfunktion
apex   Scheitelpunkt
apex (of a pyramid)   Spitze (einer Pyramide)
to approach L   gegen L gehen
approximate   ungefähr
is approximately equal to   ist ungefähr gleich
approximation   Näherung
arc (circle)   Bogen (Kreis), Kreisbogen
arc cosine   Arcuscosinus
arc cotangent   Arcuscotangens
arc length   Bogenlänge
arc sine   Arcussinus
arc tangent   Arcustangens
arcus   arcus
area   Fläche, Flächeninhalt
area scale factor   Flächenmaßstab, Skalierungsfaktor der Flächen
area under a graph   Fläche unter einer Kurve

arithmetic mean   arithmetisches Mittel
arithmetic sequence   arithmetische Folge
array   Anordnung
arrow   Pfeil
arrow representation   Pfeil-Repräsentation
associative law   Assoziativgesetz
associative property   Assoziativgesetz
asymptote   Asymptote
is asymptotically equivalent to   ist asymptotisch äquivalent zu
at least one   mindestens ein
average   Durchschnitt, Mittelwert
x-axis   x-Achse
y-axis   y-Achse
z-axis   z-Achse
axis (pl. axes)   Achse
axis of symmetry   Symmetrieachse
azimuth angle   Azimuthwinkel
bar chart   Balkendiagramm, Histogramm
base   Basis, Deckfläche, Grundfläche, Grundseite, Grundwert
base (of a number system)   Basis (eines Zahlensystems), Grundzahl (eines Zahlensystems)
base (of a power)   Basis (einer Potenz)
base angle   Basiswinkel
base edge   Grundkante
base of triangle   Grundlinie (eines Dreiecks)
Bayes' theorem   Satz von Bayes
bearing   Polarwinkel
because   denn
bell curve   Glockenkurve
bell-shape   Glockenform
Bernoulli experiment   Bernoulli-Experiment
bias   Bias, Verzerrung
bijective   bijektiv
one billion   eine Milliarde
binary system   Binärsystem, Dualsystem
binomial distribution   Binomialverteilung
to bisect an angle   einen Winkel halbieren
bisector   Halbierende
bisector of an angle   Winkelhalbierende, Winkelsymmetrale
block graph   Balkendiagramm, Histogramm
body of revolution   Rotationskörper
bounded above   nach oben beschränkt
bounded below   nach unten beschränkt
brace   geschwungene Klammer, geschwungene Klammer auf
bracket   Klammer, Klammer auf, runde Klammer, runde Klammer auf
d bracket b plus c close bracket   d Klammer auf b plus c Klammer zu
in brackets   in Klammern
a plus b in brackets squared   a plus b in Klammern zum Quadrat
break   Unstetigkeit

calculation of interest   Zinsrechnung
calculus   Analysis, Differenzial- und Integralrechnung
to cancel (a fraction)   kürzen (einen Bruch)
to cancel down (a fraction)   kürzen (einen Bruch)
cardinal number   Kardinalzahl
cardinality   Kardinalität, Mächtigkeit
Cartesian coordinate system   kartesisches Koordinatensystem
Cartesian coordinates   kartesische Koordinaten
Cartesian plane   kartesische Ebene
Cartesian product   Kartesisches Produkt
to cast a dice [coll.]   einen Würfel werfen
to cast a die   einen Würfel werfen
center [A. E.]   Mittelpunkt
center of a distribution [A. E.]   Zentrum einer Verteilung
center of enlargement [A. E.]   Streckungszentrum
center of rotation [A. E.]   Drehpunkt, Drehzentrum
center of symmetry [A. E.]   Symmetriezentrum
centimetre   Zentimeter
central limit theorem   zentraler Grenzwertsatz
centre [B. E.]   Mittelpunkt
centre of a distribution [B. E.]   Zentrum einer Verteilung
centre of enlargement [B. E.]   Streckungszentrum
centre of rotation [B. E.]   Drehpunkt, Drehzentrum
centre of symmetry [B. E.]   Symmetriezentrum
centroid (triangle)   Schwerpunkt (Dreieck)
certain event   sicheres Ereignis
chain rule   Kettenregel
chart   Diagramm
chord (circle)   Sehne (Kreis)
circle   Kreis, Kreislinie
circle chord   Kreissehne
circle sector   Kreissektor
circle segment   Kreissegment
circle-preserving   kreistreu
concentric circles   konzentrische Kreise
circular cone   Kreiskegel
circular cylinder   Kreiszylinder
circular measure   Bogenmaß
circular sector   Kreissektor
circular segment   Kreissegment
circumcenter [A. E.]   Umkreismittelpunkt
circumcentre [B. E.]   Umkreismittelpunkt
circumcircle   Umkreis

circumference (especially of a circle)   Umfang
circumference of a circle   Rand eines Kreises
circumradius   Umkreisradius
class interval   Klassierungsintervall
clockwise [adj.] [adv.]   im Uhrzeigersinn
close brace   geschwungene Klammer zu
close bracket   Klammer zu
close curly bracket   geschwungene Klammer zu
close square bracket   eckige Klammer zu
closed curve   geschlossene Kurve
closed interval   geschlossenes Intervall
closure property   Abgeschlossenheit
codomain   Wertebereich, Wertemenge
coefficient   Koeffizient
a coin lands head (tail)   eine Münze landet mit „Kopf" („Zahl")
a coin lands head (tail) up   eine Münze landet mit „Kopf" („Zahl") oben
collinear   kollinear
collinear (points)   kollinear (Punkte)
column   Spalte
column vector   Spaltenvektor
combination   Kombination
combinatorial analysis   Kombinatorik
common denominator   gemeinsamer Nenner
common difference (of an arithmetic sequence)   gemeinsame Differenz (einer arithmetischen Folge)
common factor   gemeinsamer Teiler
common logarithm   Zehnerlogarithmus
common multiple   gemeinsames Vielfaches
common point (of two lines)   gemeinsamer Punkt (zweier Geraden)
common ratio (of a geometric sequence)   gemeinsames Verhältnis (einer geometrischen Folge)
commutative group   kommutative Gruppe
commutative group with respect to multiplication   kommutative Gruppe bezüglich Multiplikation
commutative law   Kommutativgesetz
commutative property   Kommutativgesetz
compass   Zirkel
compasses   Zirkel
complement   Komplement
complementary angles   Komplementärwinkel
complementary event   Gegenereignis, Komplementärereignis
complementary set   Komplementärmenge
complete rotation   voller Winkel, Vollwinkel
complex conjugate   konjugiert komplex
complex fraction   Doppelbruch
complex function   komplexe Funktion, komplexwertige Funktion
complex number   komplexe Zahl

complex plane komplexe Zahlenebene
component (of a vector) Komponente (eines Vektors)
to compose (mappings) verketten (Abbildungen)
composed with verkettet mit
composite function verkettete Funktion, Verkettung, zusammengesetzte Funktion
composite mapping verkettete Abbildung
composite number zusammengesetzte Zahl
compound interest Zinseszinsen
compound yields Endkapital
concave down rechtsgekrümmt
concave polygon konkaves Polygon
concave up linksgekrümmt
concavity Krümmungsverhalten
concentric konzentrisch
to conclude schlussfolgern
concurrent lines sich schneidende Geraden
conditional probability bedingte Wahrscheinlichkeit, konditionale Wahrscheinlichkeit
cone Kegel
congruence Kongruenz
congruence transformation Kongruenztransformation
congruent deckungsgleich, kongruent
congruent angles gleiche Winkel
congruent to kongruent zu
conic section Kegelschnitt
conjecture Vermutung
conjugate pair of complex numbers konjugiert komplexes Zahlenpaar
conjunction Konjunktion
consequently daher
constant Konstante
constant function konstante Funktion
constant of proportionality Proportionalitätskonstante
to construct konstruieren
construction Konstruktion
contingency table Kontingenztabelle, Kontingenztafel, Vierfeldertafel
continued fraction Kettenbruch
continuity Stetigkeit
continuous stetig
continuous at a point stetig in einem Punkt
continuous variable kontinuierliche Variable
contraposition Kontraposition
to converge konvergieren
to converge to L gegen L konvergieren
convergence Konvergenz
convergent konvergent
convergent sequence konvergente Folge
convergent series konvergente Reihe
convex polygon konvexes Polygon

coordinate Koordinate
coordinate system Koordinatensystem
coplanar (points) koplanar (Punkte)
correct to 3 decimal places (to the right of the decimal point) auf 3 Stellen (nach dem Komma) genau
correlation Korrelation
corresponding angles Stufenwinkel
cosine Cosinus
cosine rule Cosinussatz
cosinus [rare] Cosinus
cotangent Cotangens
counterclockwise [adj.] [adv.] [A. E.] im Gegenuhrzeigersinn
counter-example Gegenbeispiel
counting number natürliche Zahl
covariance Kovarianz
critical point kritischer Punkt
cross product äußeres Produkt, Kreuzprodukt, Vektorprodukt
cross-section Querschnitt
cross-sectional area Querschnittsfläche
cube Hexaeder, Würfel
cube root Kubikwurzel
cube root of x dritte Wurzel von x
x cubed x hoch drei
cubic function kubische Funktion
cubic metre Kubikmeter
cubic polynomial kubisches Polynom
cuboid Quader
cumulative frequency Summenhäufigkeit
cumulative frequency diagram Summenhäufigkeitsdiagramm
curly bracket geschwungene Klammer, geschwungene Klammer auf
curve Kurve
curve properties Kurvendiskussion
curve sketching Kurvendiskussion
curved gekrümmt
curved area gekrümmte Fläche
curved face gekrümmte Seitenfläche
cyclic quadrilateral zyklisches Viereck
cylinder Zylinder
d squared y over d x squared [A. E.] d y Quadrat nach d x Quadrat
d two y by d x squared [B. E.] d y Quadrat nach d x Quadrat
d y by d x [B. E.] d y nach d x
d y over d x [A. E.] d y nach d x
data Daten
decadic logarithm Zehnerlogarithmus
decagon Dekagon, Zehneck
decimal Dezimalzahl
decimal place Dezimalstelle
decimal point Dezimalpunkt
decimal representation Dezimaldarstellung

decimal system   Dezimalsystem
to decompose a vector   einen Vektor zerlegen
decrease   Abfall, Abnahme
to decrease   abnehmen
to deduce   ableiten (logisch), herleiten
deduction   Herleitung
defined   definiert
defined at a point   definiert in einem Punkt
definite integral   bestimmtes Integral
definite integral of f(x) taken from a to b
bestimmtes Integral von f(x) von a bis b
degree   Grad (Winkel), Winkelgrad
degree (of a polynomial)   Grad (eines
Polynoms)
delta y over delta x   Delta y durch Delta x
denary system   Denärsystem
denominator   Nenner
density function   Dichtefunktion
dependence of A on B   Abhängigkeit von
A von B
dependent events   abhängige Ereignisse,
voneinander abhängige Ereignisse
dependent variable   abhängige Variable
to depict   bildlich darstellen, darstellen
derivation   Ableitung
derivative   Ableitung
to derive   ableiten, differenzieren
determinant   Determinante
determinant of rank n   Determinante vom
Rang n
deviation   Abweichung
diagonal   diagonal, Diagonale
diagonal of the base   Grundflächendiagonale
diagonal of the solid   Raumdiagonale
diagonalisation [B. E.]   Diagonalisierung
to diagonalise [B. E.]   diagonalisieren
diagonalization   Diagonalisierung
to diagonalize   diagonalisieren
diagram   Diagramm
diameter   Durchmesser
to dice   würfeln
dice (game) [sg.] [coll.]   Würfel (Spiel) [sg.]
dice (game) [pl.]   Würfel (Spiel) [pl.]
die (game) [sg.]   Würfel (Spiel) [sg.]
difference   Differenz
the difference between a and b is c   die
Differenz von a und b ist c
difference quotient   Differenzenquotient
differentiability   Differenzierbarkeit
differentiable   differenzierbar
differential calculus   Differenzialrechnung
differential quotient   Differentialquotient
differentiation rule   Ableitungsregel
digit   Ziffer
digit sum   Quersumme
dilation   Streckung

dimension   Dimension
direct isometry   gleichsinnige Isometrie
direct proof   direkter Beweis
direction   Richtung
direction of rotation   Drehsinn,
Rotationsrichtung
direction of the turn   Drehsinn,
Rotationsrichtung
directrix (of a parabola)   Leitlinie (einer
Parabel)
discontinuity   Unstetigkeit
discontinuous   unstetig
discrete variable   diskrete Variable
discriminant   Diskriminante
disjoint   disjunkt
disjoint events   disjunkte Ereignisse
disjunction   Alternative
to displace   verschieben
displaced   verschoben
displacement   Verschiebungsvektor
to disprove   widerlegen
distance   Abstand
distance (polar coordinates)   Abstand
(Polarkoordinaten)
to be a distance d from point A   sich im
Abstand d vom Punkt A befinden
distance-preserving   abstandserhaltend
distribution   Verteilung
distributive law   Distributivgesetz
distributive property   Distributivgesetz
to diverge   divergieren
divergence   Divergenz
divergent   divergent
divergent sequence   divergente Folge
divergent series   divergente Reihe
to divide   dividieren
divided by   geteilt durch
a divided by b   a geteilt durch b
a divided by b equals c   a geteilt durch b ist
gleich c
dividend   Dividend
a divides b   a ist Teiler von b
divisibility   Teilbarkeit
divisible   teilbar
division   Division
divisor   Divisor, Teiler
dodecagon   Dodekagon, Zwölfeck
dodecahedron   Dodekaeder
a does not divide b   a ist kein Teiler von b
does not equal   nicht gleich, ungleich
domain   Definitionsbereich, Definitionsmenge
dot product   inneres Produkt, Skalarprodukt
double cone   Doppelkegel
to draw a card   eine Karte ziehen
to draw beads   Perlen ziehen
dual system   Binärsystem, Dualsystem

duodecimal system Duodezimalsystem
eccentric exzentrisch
eccentricity Exzentrizität, numerische
Exzentrizität
edge Kante
edge length Kantenlänge
element (of a set) Element (einer Menge)
is (an) element of ist (ein) Element von
ellipse Ellipse
ellipsoid Ellipsoid
elliptic elliptisch
empty sequence leere Folge
empty set leere Menge
to enclose an angle with einen Winkel
einschließen mit
to encompass an angle with einen Winkel
einschließen mit
enlargement Streckung, Vergrößerung,
zentrische Streckung
enlargement matrix Vergrößerungsmatrix
envelope Einhüllende
to equal gleich sein
is equal to ist gleich
equality Gleichheit, Gleichung (als Gegensatz
zur Ungleichung)
equally likely gleich wahrscheinlich
equals gleich
equation Gleichung
equator Äquator
equiangular triangle gleichwinkliges Dreieck
equilateral triangle gleichseitiges Dreieck
equivalent äquivalent
equivalent fraction äquivalenter Bruch,
gleichwertiger Bruch, wertgleicher Bruch
equivalent ratios äquivalente Verhältnisse,
gleichwertige Verhältnisse, wertgleiche
Verhältnisse
is equivalent to ist äquivalent zu
error Fehler
to estimate abschätzen, schätzen
estimation Abschätzung, Schätzung
Euler number Euler'sche Zahl
Euler's formula Euler'sche Formel
to evaluate auswerten
to evaluate (an expression) auswerten (einen
Term), berechnen (einen Term)
evaluation Auswertung
even chance gleiche Chance
even number gerade Zahl
evens Ereignis mit 50%-Wahrscheinlichkeit
event Ereignis
exact genau
exactly n genau n
exactly one genau ein
exclusive events sich ausschließende Ereignisse
existential quantifier Existenzquantor

to expand ausmultiplizieren
expectation Erwartungswert
expected value Erwartungswert
explicit definition explizite Bildungsvorschrift
exponent Exponent
exponential function Exponentialfunktion
exponentiation Potenzieren
expression Ausdruck, Term
exterior angle Außenwinkel
to extract the root radizieren, die Wurzel
ziehen
extracting the root Radizieren, Wurzelziehen
to extrapolate extrapolieren
extrapolation Extrapolation
extremum (pl. extrema) Extremum
(pl. Extrema), Extremwert
f of x f von x
face Fläche, Seite, Seitenfläche
face (of a die) Seite (eines Würfels)
factor Faktor
to factor out ausklammern
factorial Fakultät
to factorise [B. E.] ausklammern, faktorisieren
to factorize [A. E.] ausklammern, faktorisieren
fair dice faire Würfel
fair dice [sg.] [coll.] fairer Würfel
fair die fairer Würfel
false negative prediction falsche negative
Vorhersage
false positive prediction falsche positive
Vorhersage
Fehler 1. Art type I error
Fehler 2. Art type II error
Fibonacci sequence Fibonacci-Folge
field Körper
figure Figur
final amount Endkapital
final point of a vector Endpunkt eines Vektors
finite endlich
finite sequence endliche Folge
finite series endliche Reihe
fit Anpassungskurve, Fit
to fit fitten
fitting Fitten
floating point number Gleitkommazahl
focus (pl. foci) Brennpunkt
focus (pl. foci) (of a parabola) Brennpunkt
(einer Parabel)
foot (of a perpendicular) Fußpunkt (einer
Senkrechten)
for all für alle
formula (pl. formulas or formulae [rare])
Formel
Fourier analysis Fourier-Analyse
fractal Fraktal
fraction Bruch

fraction bar   Bruchstrich
fractional change   Bruchteil der Veränderung
frequency   Häufigkeit
frequency diagram   Häufigkeitsdiagramm
frequency table   Häufigkeitstabelle
full angle [A. E.]   voller Winkel, Vollwinkel
full circle   Vollkreis
function   Funktion
function value   Funktionswert
fundamental theorem of calculus   Hauptsatz
der Differenzial- und Integralrechnung
game theory   Spieltheorie
gap   Lücke
GCD (greatest common divisor)   ggT
(größter gemeinsamer Teiler)
GCF (greatest common factor)   ggT (größter
gemeinsamer Teiler)
general sine function   allgemeine Sinusfunktion
general triangle   allgemeines Dreieck
generalisation   Verallgemeinerung
to generalise [B. E.]   verallgemeinern
to generalize [A. E.]   verallgemeinern
geometric figure   geometrische Figur
geometric mean   geometrisches Mittel
geometric object   geometrisches Objekt
geometric sequence   geometrische Folge
geometric series   geometrische Reihe
given that ... (conditional probability)   unter
der Voraussetzung, dass ... (bedingte
Wahrscheinlichkeit)
glide reflection   Gleitspiegelung,
Schubspiegelung
global maximum   globales Maximum
global minimum   globales Minimum
golden ratio   goldener Schnitt
golden rule   goldener Schnitt
golden section   goldener Schnitt
gradient   Steigung
graph   Graph, Kurve
great circle   Großkreis
is greater than   ist grösser als
a is greater than b   a ist grösser als b
is greater than or equal to   ist grösser gleich,
ist grösser oder gleich
greatest common divisor   größter
gemeinsamer Teiler
greatest common factor   größter
gemeinsamer Teiler
greatest possible error   größter möglicher
Fehler
group   Gruppe
grouped data   in Klassen eingeteilte Daten
half open interval   halboffenes Intervall
half-line   Halbgerade
half-line with endpoint A   Halbgerade mit
Anfangspunkt A

half-turn   halbe Drehung
harmonic mean   harmonisches Mittel
harmonic series   harmonische Reihe
hash mark   Zählstrich
HCF (highest common factor)   ggT (größter
gemeinsamer Teiler)
head of a vector   Endpunkt eines Vektors
height   Höhe
helical   schraubenförmig
helix   Helix, Schraubenlinie
hemisphere   Halbkugel
hence   daher
hexadecimal system   Hexadezimalsystem
highest common factor   größter gemeinsamer
Teiler
histogram   Balkendiagramm, Histogramm
hollow cylinder   Hohlzylinder
horizontal   horizontal
horizontal asymptote   horizontale Asymptote
one hundred   einhundert
hyperbola   Hyperbel
hypotenuse   Hypotenuse
hypothesis testing   Testen von Hypothesen
icosahedron   Ikosaeder
identical lines   identische Geraden
identity property   Existenz des neutralen
Elements
if and only if   dann und nur dann wenn, genau
dann wenn
iff   dann und nur dann wenn, genau dann wenn
image (of a mapping)   Bild (einer Abbildung)
imaginary axis   imaginäre Achse
imaginary number   imaginäre Zahl
imaginary part   Imaginärteil
implication   Implikation
implicit definition   implizite Bildungsvorschrift
implies   impliziert
a implies b   aus a folgt b
impossible event   unmögliches Ereignis
improper fraction   unechter Bruch
improper integral   uneigentliches Integral
in a clockwise direction   im Uhrzeigersinn
in a counterclockwise direction [A. E.]   im
Gegenuhrzeigersinn
in an anti-clockwise direction [B. E.]   im
Gegenuhrzeigersinn
incenter [A. E.]   Inkreismittelpunkt
incentre [B. E.]   Inkreismittelpunkt
incircle   Inkreis
to increase   ansteigen
increase   Anstieg
indefinite integral   unbestimmtes Integral
independent events   unabhängige Ereignisse,
voneinander unabhängige Ereignisse
independent variable   unabhängige Variable
index (pl. indices)   Exponent, Wurzelexponent

indices   Wurzelexponenten
indirect proof   indirekter Beweis
induction   vollständige Induktion
inequality   Ungleichung
to infer   schlussfolgern
infinite   unendlich
infinite sequence   unendliche Folge
infinite series   unendliche Reihe
inflection point   Wendepunkt
initial amount   Grundkapital
initial point of a vector   Anfangspunkt eines Vektors
injective   injektiv
inner product   inneres Produkt, Skalarprodukt
input set   Definitionsbereich, Definitionsmenge
inradius   Inkreisradius
integer   ganze Zahl
integrable   integrable
integral   Integral
integral calculus   Integralrechnung
to integrate   integrieren
integration   Integration
integration by parts   partielle Integration
intercept theorem   Strahlensatz
interest   Zinsen
interest calculation   Zinsrechnung
interest rate   Zinssatz
interior angle   Innenwinkel
to interpolate   interpolieren
interpolation   Interpolation
interquartile range   Interquartilsabstand
to intersect   sich überschneiden
intersected with   geschnitten mit
intersecting lines   sich schneidende Geraden
intersection   Schnittfläche, Schnittmenge, Schnittpunkt
the intersection of   die Schnittmenge von
intersection point   Schnittpunkt
interval   Intervall
invariance   Invarianz
invariant   invariant
inverse function   inverse Funktion
inverse property   Existenz des inversen Elements
inverse proportion   umgekehrte Proportion
inverse vector   inverser Vektor
inversely proportional   umgekehrt proportional
inversely proportional to   umgekehrt proportional zu
irrational number   irrationale Zahl
a is to b as c is to d   a verhält sich zu b wie c zu d
isometry   Isometrie
isosceles trapezium [B. E.]   gleichschenkliges Trapez

isosceles trapezoid [A. E.]   gleichschenkliges Trapez
isosceles triangle   gleichschenkliges Dreieck
jump   Sprungstelle
kite   Deltoid, Drache, Drachenviereck
lateral area   Mantel, Mantelfläche
lateral edge   Seitenkante
lateral face   Seitenfläche
law of cosines   Cosinussatz
law of large numbers   Gesetz der grossen Zahlen
law of sines   Sinussatz
LCM (least common multiple)   kgV (kleinstes gemeinsames Vielfaches)
LCM (lowest common multiple)   kgV (kleinstes gemeinsames Vielfaches)
leading diagonal   Hauptdiagonale
least common multiple   kleinstes gemeinsames Vielfaches
least squares method   Methode der kleinsten Fehlerquadrate, Methode der kleinsten Quadrate
left-hand limit   linksseitiger Grenzwert
leg (right-angled triangle)   Kathete
legend (of a diagram)   Legende (eines Diagramms)
length   Länge
length of a vector   Länge eines Vektors
length of arc   Bogenlänge
length of line segment AB   Länge der Strecke AB
length of segment AB   Länge der Strecke AB
length of the slant height of a pyramid   Höhe der Seitenfläche einer Pyramide (Länge)
length-preserving   längentreu
is less than   ist kleiner als
a is less than b   a ist kleiner als b
is less than or equal to   ist kleiner gleich, ist kleiner oder gleich
likelihood   Likelihood, Wahrscheinlichkeit
likely   wahrscheinlich
limit   Grenzwert, Limes
the limit of the sequence x n as n approaches infinity is b   der Grenzwert der Folge x n für n gegen Unendlich ist b
line   Gerade
line AB   Gerade AB
line graph   Kantengraph, Liniendiagramm
line of best fit   Ausgleichsgerade
line of symmetry   Symmetrieachse
line segment   Strecke
line segment AB   Strecke AB
line symmetry   Achsensymmetrie
line through A and B   Gerade durch A und B
linear eccentricity   lineare Exzentrizität
linear equation   lineare Gleichung
linear function   lineare Funktion

linear scale factor Längenmaßstab, Skalierungsfaktor der Längen
linearly dependent linear abhängig
linearly independent linear unabhängig
line-preserving Geradentreu
literal equation Gleichung mit Formvariablen
local maximum lokales Maximum
local minimum lokales Minimum
locus (pl. loci) geometrischer Ort, Ortslinie
log function Logarithmusfunktion, Logarithmus-Funktion
logarithm Logarithmus
logarithm b base c Logarithmus von b zur Basis c
logarithm of b to base c Logarithmus von b zur Basis c
logarithm of b with a base c Logarithmus von b zur Basis c
logarithmic function Logarithmusfunktion, Logarithmus-Funktion
logic Logik
logical logisch
logical symbol logisches Symbol
lower bound untere Schranke
lower limit Limes inferior, unterer Grenzwert
lower limit (of an integral) untere Grenze (eines Integrals)
lower quartile unteres Quartil
lower sum Untersumme
lowest common multiple kleinstes gemeinsames Vielfaches
magnitude of a vector Betrag eines Vektors, Länge eines Vektors
major radius große Halbachse
mantissa Mantisse
to map abbilden
mapping Abbildung
mark Markierung
mathematical expectation Erwartungswert
mathematical induction vollständige Induktion
mathematical symbol mathematisches Symbol
matrices Matrizen
matrix Matrix
matrix addition Matrizenaddition
matrix multiplication Matrizenmultiplikation
matrix transformation Matrizentransformation
maximum (pl. Maxima) Maximum (pl. Maxima)
mean Erwartungswert, Mittelwert
mean value theorem Mittelwertsatz
measure of (the line segment) AB Länge der Strecke AB
measure of central tendency Lageparameter
measure of dispersion Dispersionsmaß
measure of variability Streuungsmaß

median Median, Schwerlinie, Seitenhalbierende, Zentralwert
mediator Streckensymmetrale
mediator bisector of a side Seitensymmetrale
mediator of a side Mittelsenkrechte
member (of a set) Element (einer Menge)
is (a) member of ist (ein) Element von
metre Meter
midpoint (of a line segment) Mittelpunkt (einer Strecke)
one million eine Million
minimum (pl. Minima) Minimum (pl. Minima)
minor radius kleine Halbachse
minuend Minuend
minus Minus
a minus b a minus b
a minus b equals c a minus b ist gleich c
a minus the quantity b plus c to the power of 4 a minus Klammer auf b plus c Klammer zu hoch 4
minus-plus Minus-Plus
minute (angle) Minute (Winkel)
minute of angle Winkelminute
mixed number gemischte Zahl
mode Modus
modulo Modulo
modulo arithmetic Modulo-Arithmetik
modulo m modulo m
n modulo m n modulo m
monotonic monoton
monotonic decreasing monoton fallend
monotonic increasing monoton steigend, monoton wachsend
monotonically decreasing monoton fallend
monotonically increasing monoton steigend, monoton wachsend
monotonicity Monotonie
monotony Monotonie
mosaic Mosaik
moving range gleitende Spannweite
is much bigger than ist viel grösser als
is much less than ist viel kleiner als
multiple Vielfaches
multiplication Multiplikation
multiplication law Multiplikationssatz
multiplication rule Produktregel
multiplicative inverse inverses Element bezüglich der Multiplikation
multiplicative inverse element inverses Element bezüglich der Multiplikation
multiplied by mal
to multiply multiplizieren
mutually exclusive events sich gegenseitig ausschließende Ereignisse
n factorial n Faktorielle [selten], n Fakultät

n over k (number of subsets of cardinality k of a set of cardinality n)   n über k (Anzahl der k-elementigen Teilmengen einer n-elementigen Menge)

n ways to occur   n Möglichkeiten einzutreten

natural logarithm   natürlicher Logarithmus

natural number   natürliche Zahl

n-by-m matrix   n-mal-m-Matrix

nearest tenth of a millimetre   nächster Zehntelmillimeter

necessary   notwendig

necessary but not sufficient   notwendig aber nicht hinreichend

necessary but not sufficient condition notwendige aber nicht hinreichende Bedingung

necessary condition   notwendige Bedingung

negation   Negation

negative angle   negativer Winkel

negative eight (-8)   minus acht (-8)

negative number   negative Zahl

negative predictive value   negativer Vorhersagewert

negative sign   negatives Vorzeichen

net   Auffaltung, Netz

new principal   Endkapital

non-intersecting line   Passante

non-negative number   nicht negative Zahl

non-positive number   nicht positive Zahl

non-singular   nicht-singulär

nonzero   von Null verschieden

nonzero number   von Null verschiedene Zahl

norm   Betrag

norm of a vector   Betrag eines Vektors, Länge eines Vektors

normal distribution   Normalverteilung

normal distribution curve Normalverteilungskurve

normalisation [B. E.]   Normalisierung

normalization   Normalisierung

not   nicht

is not a proper subset of   ist keine echte Teilmenge von

is not a subset of   ist keine Teilmenge von

is not an element of   ist kein Element von

is not equal to   ist nicht gleich, ist ungleich

nth element (of a sequence)   n-tes Folgeglied (einer Folge)

nth derivative   n-te Ableitung

null angle [A. E.] [rare]   Nullwinkel

null hypothesis   Nullhypothese

null sequence   Nullfolge

null set   leere Menge

null vector   Nullvektor

number   Zahl

number line   Zahlengerade

number pattern   Zahlenmuster

number system   Zahlensystem

numeral   Numeral, Zahlensymbol

numerator   Zähler

object (of a mapping)   Urbild (einer Abbildung)

oblique asymptote   schräge Asymptote

oblique cylinder   schiefer Zylinder

oblique prism   schiefes Prisma

oblong   nicht quadratisches Rechteck

obtuse angle   stumpfer Winkel

obtuse triangle   stumpfwinkliges Dreieck

octahedron   Oktaeder

octal system   Oktalsystem

odd number   ungerade Zahl

odds   Odds, Quote

ogive   Summenhäufigkeitsdiagramm, Summenpolygon

one   eins

one and only one   genau ein

one-sided limit   einseitiger Grenzwert

open interval   offenes Intervall

operation   Operation, Verknüpfung

operation symbol   Operationszeichen, Verknüpfungssymbol

opposite   Gegenkathete

opposite angles   Scheitelwinkel

opposite isometry   ungleichsinnige Isometrie

opposite sides   gegenüberliegende Seiten

or   oder

order (of a matrix)   Ordnung (einer Matrix)

order (of a symmetry)   Ordnung (einer Symmetrie)

ordered pair   geordnetes Paar

ordered set   geordnete Menge

ordered set of numbers   geordnete Menge von Zahlen

ordinal number   Ordinalzahl, Ordnungszahl

ordinate   Ordinate

origin   Nullpunkt

original number   ursprüngliche Zahl

original principal   Grundkapital

orthocenter (triangle) [A. E.] Höhenschnittpunkt

orthocentre (triangle) [B. E.] Höhenschnittpunkt

orthogonality   Orthogonalität

outcome (of a probability experiment) Ergebnis (eines Zufallsexperiments)

outer product   äußeres Produkt, Kreuzprodukt, Vektorprodukt

output set   Wertebereich, Wertemenge

over   geteilt durch

a over b   a geteilt durch b

overlapping lines   zusammenfallende Geraden

pack of cards   Kartenspiel, Kartenstapel

pair of compasses [rare]   Zirkel

palindromic number   Zahlenpalindrom

parabola   Parabel
parallel [adj.] [adv.]   parallel
parallel lines   parallele Geraden
parallelogram   Parallelogramm
parallelogram rule   Parallelogramm-Regel
part   Prozentwert
nth part   n-ter Teil
partial fraction decomposition
Partialbruchzerlegung
partial sum   Partialsumme
Pascal's triangle   Pascalsches Dreieck
pattern   Muster
per cent   Prozent, von hundert
percent [A. E.]   Prozent, Prozentsatz
percentage   Prozentsatz
percentage calculation   Prozentrechnung
percentage change   prozentuelle Veränderung
percentile   Perzentil
percentile range   Prozentbereich
perfect number   vollkommene Zahl
perfect square   Quadratzahl
perimeter   Rand (eines geometrischen Objekts)
perimeter (of a geometric object)   Umfang
(eines geometrischen Objekts)
period   Periode
periodic   periodisch
periodicity   Periodizität
permutation   Permutation
perpendicular   senkrecht, senkrecht [adj.],
senkrecht [adv.], Senkrechte
perpendicular bisector   Streckensymmetrale
perpendicular bisector of a side
Mittelsenkrechte, Seitensymmetrale
perpendicular lines   aufeinander senkrecht
stehende Geraden, zueinander normale Geraden
perpendicularly   senkrecht [adv.]
pi (3.14 ...)   Pi (3.14 ...)
pictogram   Piktogramm
pie chart   Kreisdiagramm, Kuchendiagramm
to place something outside the brackets
etwas ausklammern
place value   Stellenwert
plane   eben, Ebene
plane area   ebene Fläche
plane face   ebene Seitenfläche
plane of symmetry   Symmetrieebene
plane symmetry   Ebenensymmetrie
to plot   graphisch darstellen
plot [A. E.]   Diagramm
plus   plus
a plus b   a plus b
a plus b equals c   a plus b ist gleich c
plus-minus   Plus-Minus
point   Punkt
to point (in a certain direction)   zeigen (in
eine bestimmte Richtung)

zero point five four   null Komma fünf vier
point five four   null Komma fünf vier
point of inflection   Wendepunkt
point of intersection   Schnittpunkt
point symmetry   Punktsymmetrie
point-slope form   Einpunktform, Punkt-
Steigungsform
polar angle   Polarwinkel
polar coordinates   Polarkoordinaten
polar diagram   Polardiagramm
pole   Pol
pole (polar coordinates)   Pol
(Polarkoordinaten)
polygon   Polygon, Vieleck
polyhedron   Polyeder
polynomial   Polynom
polynomial of degree n   Polynom n-ten Grades
population   Grundgesamtheit
population size   Umfang der Grundgesamtheit
positive angle   positiver Winkel
positive number   positive Zahl
positive predictive value   positiver
Vorhersagewert
positive seven (+7)   plus sieben (+7)
positive sign   positives Vorzeichen
possibility space   Möglichkeitsraum
x to the nth power   x hoch n
power   Potenz
power of a variable   Potenz einer Variablen
x to the power of n   x hoch n
power of ten   Zehnerpotenz
nth power of x   n-te Potenz von x
power set   Potenzmenge
prime decomposition   Primfaktorzerlegung
prime factor   Primfaktor
prime factorisation   Primfaktorzerlegung
prime number   Primzahl
principal   Grundkapital, Kapital
principal amount   Grundkapital
prism   Prisma
probability   Wahrscheinlichkeit
probability calculation
Wahrscheinlichkeitsrechnung
probability density function
Wahrscheinlichkeitsdichtefunktion
probability distribution
Wahrscheinlichkeitsverteilung
probability of an event occurring
Wahrscheinlichkeit, dass ein Ereignis eintritt
probability space   Wahrscheinlichkeitsraum
product   Produkt
the product of a and b is c   das Produkt von
a und b ist c
product rule   Produktregel
proof   Beweis
proper fraction   echter Bruch

is (a) proper subset of   ist (eine) echte Teilmenge von
is (a) proper superset of   ist (eine) echte Obermenge von
proportion   Proportion
proportional   proportional
proportional to   proportional zu
proportionality   Proportionalität
proportionality constant   Proportionalitätskonstante
proportionality theorem   Strahlensatz
protractor   Winkelmesser
to prove   beweisen
pyramid   Pyramide
Pythagoras' theorem   Satz des Pythagoras
Pythagorean theorem   Satz des Pythagoras
quadrangle   Viereck
quadrant   Quadrant
quadratic equation   quadratische Gleichung
quadratic formula   quadratische Formel
quadratic function   quadratische Funktion
quadratic polynomial   quadratisches Polynom
quadrilateral   Viereck
one quadrillion   eine Billiarde
quantile   Quantil
quarter of a turn   Vierteldrehung
quarter turn   Vierteldrehung
quartile   Quartil
one quintillion   eine Trillion
quotient   Quotient
the quotient of a divided by b is c   der Quotient von a und b ist c
quotient of differences   Differenzenquotient
quotient rule   Quotientenregel
radian   Radian
radian measure   Bogenmaß
radicand   Radikand
radius   Radius
to raise to a power   potenzieren
x raised to the nth power   x hoch n
x raised to the power of n   x hoch n
random   zufällig
at random   zufällig
random generator   Zufallsgenerator
random number   Zufallszahl
random number generator   Zufallszahlengenerator
random variable   Zufallsvariable
range   Spannweite, Wertebereich, Wertemenge
rank (of a matrix)   Rang (einer Matrix)
rate   Prozentsatz
rate of change   Änderungsquote, Änderungsrate
ratio   Verhältnis
ratio of a to b   Verhältnis von a zu b
rational number   rationale Zahl
ray (half-line)   Strahl (Halbgerade)

ray with endpoint A   Strahl mit Anfangspunkt A
real axis   reelle Achse
real field   Körper der reellen Zahlen
real function   reelle Funktion, reellwertige Funktion
real number   reelle Zahl
real part   Realteil
reciprocal   Kehrwert
reciprocal function   reziproke Funktion, Reziprokfunktion
reciprocally proportional   umgekehrt proportional
reciprocally proportional to   umgekehrt proportional zu
rectangle   Rechteck
rectangular pyramid   Rechteckpyramide
rectangular solid [rare]   Quader
recurrence relation   rekursive Bildungsvorschrift
recurring decimal   periodische Dezimalzahl
recurring decimal part   Periode (einer Dezimalzahl)
recurring sequence   sich wiederholende Zahlenfolge
recursive definition   rekursive Definition
to reduce a fraction to simplest form   einen Bruch auf die einfachste Form bringen
re-entrant polygon   konkaves Polygon
reflection   Reflexion, Spiegelung
reflection matrix   Spiegelmatrix
reflex angle   erhabener Winkel [selten], überstumpfer Winkel
region   Bereich, Region
regression line   Regressionsgerade
regular decagon   regelmäßiges Dekagon, regelmäßiges Zehneck
regular dodecagon   regelmäßiges Dodekagon, regelmäßiges Zwölfeck
regular polygon   regelmäßiges Polygon, regelmäßiges Vieleck
regular polyhedron   regelmäßiges Polyeder, reguläres Polyeder
relation   Beziehung
relationship   Beziehung
relative frequency   relative Häufigkeit
relatively prime   teilerfremd
remainder   Teilungsrest
one point four repeating   eins Komma vier Periode
repeating decimal   periodische Dezimalzahl
repeating decimal part   Periode (einer Dezimalzahl)
repetend   Periode (einer Dezimalzahl)
representation   Darstellung
to re-scale (a vector)   skalieren (einen Vektor)
resolution of a vector   Vektorzerlegung

to resolve (a vector)   zerlegen (einen Vektor)
result   Ergebnis, Lösung (Ergebnis)
resultant   resultierender Vektor
resultant vector   resultierender Vektor
rhombus   Raute, Rhombus
right angle   rechter Winkel
to be at right angles to one another
rechtwinklig aufeinander stehen
right cone   gerader Kegel
right cylinder   gerader Zylinder
right negative prediction   richtige negative
Vorhersage
right positive prediction   richtige positive
Vorhersage
right prism   gerades Prisma
right pyramid   gerade Pyramide
right triangle [A. E.]   rechtwinkliges Dreieck
right-angled triangle [B. E.]   rechtwinkliges
Dreieck
right-hand limit   rechtsseitiger Grenzwert
ring   Kreisring
to roll a dice [coll.]   einen Würfel werfen
to roll a die   einen Würfel werfen
roll of a dice [coll.]   Wurf eines Würfels
roll of a die   Wurf eines Würfels
Roman numerals   römische Zahlensymbole
root   Wurzel
root of equation   Wurzelgleichung
root of function   Wurzelfunktion
nth root of x   n-te Wurzel von x
to rotate   drehen
rotation   Rotation
rotation matrix   Drehmatrix
rotational symmetry   Rotationssymmetrie
rotational symmetry about point A
Rotationssymmetrie um den Punkt A
to round   runden
to round 1.37 to 1.4   1.37 auf 1.4 runden
to round down (e. g. 1.34 to 1 or 4.78 to 4)
abrunden (z. B. 1.34 auf 1 oder 4.78 auf 4)
**to round off (i. e. to round to less decimal
places (e. g. 1.34 to 1.3 or 1.36 to 1.4))**
runden (auf weniger Dezimalstellen (z. B. 1.34 auf
1.3 oder 1.36 auf 1.4))
**to round to 2 decimal places (to the right of
the decimal point)**   auf 2 Stellen (nach dem
Komma) runden
to round up (e. g. 1.34 to 2 or 4.78 to 5)
aufrunden (z. B. 1.34 auf 2 oder 4.78 auf 5)
rounded number   gerundete Zahl
rounding   Runden
rounding error   Rundungsfehler
row   Zeile
row vector   Zeilenvektor
rule of three   Dreisatz
ruler   Lineal

ruler-compass construction   Konstruktion mit
Zirkel und Lineal
**s sub n equals the sum a sub i from
i equals 1 to n**   s n ist gleich die Summe aller
a i von i gleich 1 bis n
saddle point   Sattelpunkt
sample   Stichprobe
to sample   eine Stichprobe entnehmen
sample size   Stichprobenumfang
sample space   Ergebnisraum, Stichprobenraum
sampling   Stichprobenentnahme
scalar   Skalar
scalar multiplication   Skalarmultiplikation
scalar product   inneres Produkt, Skalarprodukt
scalar quantity   skalare Größe
scale   Maßstab
to scale   skalieren
scale factor   Maßstab, Skalierungsfaktor
scalene triangle   ungleichseitiges Dreieck
scatter diagram   Punktediagramm, Punktwolke
scientific notation   wissenschaftliche
Schreibweise
secant   Sekante
second (angle)   Sekunde (Winkel)
second of angle   Winkelsekunde
sector (of a circle)   Kreisausschnitt
segment of a circle   Kreissegment
self-inverse   selbstinvers
semicircle   Halbkreis
semicircular   halbkreisförmig
semimajor axis   große Halbachse
semi-major axis   große Halbachse
semiminor axis   kleine Halbachse
semi-minor axis   kleine Halbachse
sense   Orientierung
sensitivity   Sensitivität
one septillion   eine Quadrillion
sequence   Folge
sequence of numbers   Zahlenfolge
series   Reihe
set   Menge
set of all x's such that x is smaller than 3
Menge aller x für die gilt, dass x kleiner ist als 3
set square [B. E.]   Geodreieck
set theory symbol   Symbol der Mengentheorie
one seventh   ein Siebtel
three sevenths   drei Siebtel
one sextillion   eine Trilliarde
shallow   flach
shape   Form, Gestalt
shear   Scherung
to shift   verschieben
shifted   verschoben
to shorten a vector   einen Vektor stauchen
to show pictorially   bildlich darstellen

side   Schenkel
side (right-angled triangle)   Kathete
side (triangle)   Schenkel (Dreieck), Seite (Dreieck)
sign   Vorzeichen
sign diagram   Vorzeichendiagramm
signed area   gerichtete Fläche
significant figure   signifikante Stelle
similar   ähnlich
similarity   Ähnlichkeit
similarity transformation Ähnlichkeitsabbildung
simple closed curve   einfach geschlossene Kurve
simple interest   einfache Zinsen
simple interest equals principal times interest rate times time   Zinsen sind gleich Kapital mal Zinssatz mal Zeit
simplest form (of a fraction)   einfachste Form (eines Bruchs)
to simplify (an equation)   vereinfachen (eine Gleichung)
simultaneous equations   Gleichungssystem
sine   Sinus
sine curve   Sinuskurve
sine rule   Sinussatz
singular   singulär
singularity   Singularität
sinus [rare]   Sinus
sinusoid   Sinusfunktion, Sinuskurve
sinusoidal   sinusförmig
size   Größe
skew lines   windschiefe Geraden
slant height (of a cone)   Mantellinie (eines Kegels)
slant height of a pyramid (length)   Höhe der Seitenfläche einer Pyramide (Länge)
slant height of a pyramid (line segment) Höhe der Seitenfläche einer Pyramide (Strecke)
slope   Steigung
slope of a line   Sekantensteigung, Steigung der Sekante
slope of the normal   Normalensteigung, Steigung der Normalen
slope of the tangent   Steigung der Tangenten, Tangentensteigung
slope-intercept form   Normalform
solid   Körper
solid angle   Raumwinkel
solid of revolution   Rotationskörper
solution   Lösung, Lösungsweg
solution set   Lösungsmenge
to solve   lösen
space diagonal   Raumdiagonale
spacial   räumlich
specivity   Spezifität

sphere   Kugel
spiral   Spirale
spread   Dispersion, Streuung
spreadsheet   Tabelle
square   Quadrat
square bracket   eckige Klammer, eckige Klammer auf
square metre   Quadratmeter
square pyramid   quadratische Pyramide
square root   Quadratwurzel
square root of x   Quadratwurzel von x, Wurzel von x
x squared   x Quadrat, x zum Quadrat
squared   zum Quadrat
standard deviation   Standardabweichung
standard form   Standardform
start of a vector   Anfangspunkt eines Vektors
stationary point   stationärer Punkt
steep   steil
straight angle   gestreckter Winkel
straight line   Gerade
straight line through zero   Nullpunktgerade, Ursprungsgerade
stretch   Dehnung
to stretch a vector   strecken (einen Vektor)
strictly decreasing   streng monoton fallend
strictly increasing   streng monoton steigend, streng monoton wachsend
b sub a   b Index a
subscript   Index (pl. Indizes)
subset   Teilmenge
is (a) subset of   ist (eine) Teilmenge von
to substitute   ersetzen, substituieren
substitution   Substitution
substitution rule   Substitutionsregel
to subtend (an angle)   einen Winkel aufspannen
to subtract   subtrahieren
subtraction   Subtraktion
subtrahend   Subtrahend
sufficient   hinreichend
sufficient condition   hinreichende Bedingung
sum   Summe
the sum of a and b is c   die Summe von a und b ist c
sum rule   Summenregel
superset   Obermenge
is (a) superset of   ist (eine) Obermenge von
supplementary angles   supplementäre Winkel
surface area   Oberfläche
surjective   surjektiv
symmetric about the origin   symmetrisch zum Ursprung
symmetric about the y-axis   symmetrisch zur y-Achse
symmetry   Symmetrie

symmetry of order n   Symmetrie der Ordnung n
system of equations   Gleichungssystem
system of linear equations   lineares Gleichungssystem
system of linear equations in n variables   lineares Gleichungssystem in n Variablen
table   Tabelle
table of values   Wertetabelle
tail of a vector   Anfangspunkt eines Vektors
to take the root   radizieren, die Wurzel ziehen
to tally   mittels Zählstrichen zählen
tally   Strichliste, Zählstrich
tally mark   Zählstrich
tangent   Tangens, Tangente
tangent line   Tangente
tangent point   Berührungspunkt
tangential   tangential [adj.]
tangentially   tangential [adv.]
ten   zehn
terminating decimal representation   abbrechende Dezimaldarstellung
to tessellate   ein Mosaik erzeugen, parkettieren
tessellation   Parkettierung, Tessellation
tetrahedron   Tetraeder
theorem of intercepting lines   Strahlensatz
theorem of Pythagoras   Satz des Pythagoras
there are   es gibt
there exists   es gibt
there is   es gibt
therefore   daher
one third   ein Drittel
two thirds   zwei Drittel
one thousand   eintausend
thus   daher
tiling   Parkettierung, Tessellation
times   mal
a times b   a mal b
a times b equals c   a mal b ist gleich c
tip of a vector   Endpunkt eines Vektors, Spitze eines Vektors
x to the n   x hoch n
x to the nth   x hoch n
one to three (1 : 3)   eins zu drei (1 : 3)
torus   Ringtorus, Torus
to toss a coin   eine Münze werfen
total sample size   Stichprobenumfang
trace (of a matrix)   Spur (einer Matrix)
transformation   Transformation
translation   Translation, Verschiebung
translation in x-direction   Verschiebung in x-Richtung
translation in y-direction   Verschiebung in y-Richtung
to transpose   transponieren
transposition   Transposition

transversal   Transversale
trapezium (pl. trapeziums or trapezia) [B. E.]   Trapez
trapezoid [A. E.]   Trapez
tree diagram   Baumdiagramm
trial-and-improvement method   Versuch-und-Verbesserungsmethode
triangle   Dreieck
triangle [A. E.]   Geodreieck
triangle number   Dreieckszahl
triangular based pyramid   Dreieckspyramide
trigonometric function   trigonometrische Funktion
trigonometry   Trigonometrie
one trillion   eine Billion
to truncate   abschneiden, verkürzen
to turn   drehen
turn   voller Winkel, Vollwinkel
two-point form   Zweipunkteform
types of functions   Funktionentypen
the union of   die Vereinigung von, die Vereinigungsmenge von
union set   Vereinigungsmenge
unique mapping   eindeutige Abbildung
unit   Maßeinheit
unit circle   Einheitskreis
unit fraction   Stammbruch
unit vector   Einheitsvektor
unitary matrix   unitäre Matrix
universal quantifier   Allquantor
universal set   Grundmenge
unlikely   unwahrscheinlich
upper bound   obere Schranke
upper limit   Limes superior, oberer Grenzwert
upper limit (of an integral)   obere Grenze (eines Integrals)
upper quartile   oberes Quartil
upper sum   Obersumme
variable   Variable
variance   Varianz
variation of A with B   Abhängigkeit von A von B
x varies directly as y   x verhält sich proportional zu y
x varies inversely as y   x verhält sich umgekehrt proportional zu y
vector   Vektor
vector addition   Vektoraddition
vector analysis   Vektoranalysis
vector decomposition   Vektorzerlegung
vector product   äußeres Produkt, Kreuzprodukt, Vektorprodukt
vector quantity   vektorielle Größe
vector space   Vektorraum
vector subtraction   Vektorsubtraktion
Venn diagram   Venn-Diagramm

vertex Scheitel
vertex (of a cone) Spitze (eines Kegels)
vertex (of a pyramid) Spitze (einer Pyramide)
vertex (pl. vertices) Eckpunkt
vertical senkrecht [adj.], vertikal
vertical asymptote vertikale Asymptote
vertically senkrecht [adv.]
vertically opposed angles Scheitelwinkel
vertices Scheitel
Vieta's law Satz von Vieta
Viète's law Satz von Vieta
volume Volumen
volume scale factor Skalierungsfaktor der
Volumen, Volumenmaßstab
whole number natürliche Zahl
whole-number part ganzzahliger Teil
width Breite
y dash (y') y Strich (y')
y double dash (y") y zwei Strich (y")
y double prime (y") y zwei Strich (y")
y prime (y') y Strich (y')
y-intercept y-Achsenabschnitt
zero Null, Nullstelle
zero angle Nullwinkel
zero point Nullpunkt
zero vector Nullvektor
zero vector Nullvektor

Teil 2
Deutsch - Englisch

abbilden to map
Abbildung mapping
abbrechende Dezimaldarstellung
terminating decimal representation
Abelsche Gruppe Abelian group
Abfall decrease
abfallen to decrease
Abgeschlossenheit closure property
abhängige Ereignisse dependent events
abhängige Variable dependent variable
Abhängigkeit von A von B dependence
of A on B, variation of A with B
ableiten to derive
ableiten (logisch) to deduce
Ableitung derivation, derivative
Ableitungsregel differentiation rule
Abnahme decrease
abnehmen to decrease
abrunden (z. B. 1.34 auf 1 oder 4.78 auf 4)
to round down (e. g. 1.34 to 1 or 4.78 to 4)
abschätzen to estimate
Abschätzung estimation
abschneiden to truncate
absolute Häufigkeit absolute frequency
Abstand distance
Abstand (Polarkoordinaten) distance (polar
coordinates)
sich im Abstand d vom Punkt A befinden
to be a distance d from point A
abstandserhaltend distance-preserving
Abszisse abscissa
Abweichung deviation
x-Achse x-axis
y-Achse y-axis
z-Achse z-axis
Achse axis (pl. axes)
Achsensymmetrie line symmetry
addieren to add
Addition addition
ähnlich similar
ähnlichkeit similarity
ähnlichkeitsabbildung similarity
transformation
algebraische Struktur algebraic structure
allgemeine Sinusfunktion general sine
function
allgemeines Dreieck general triangle
Allquantor universal quantifier
Alternative disjunction
alternierende Folge alternating sequence
Amplitude amplitude
Analysis calculus
änderungsquote rate of change
änderungsrate rate of change
Anfangspunkt eines Vektors initial point
of a vector, start of a vector, tail of a vector

Ankathete adjacent
Anordnung array
Anpassungskurve fit
ansteigen to increase
Anstieg increase
äquator equator
äquivalent equivalent
ist äquivalent zu is equivalent to
äquivalente Verhältnisse equivalent ratios
äquivalenter Bruch equivalent fraction
arcus arcus
Arcuscosinus arc cosine
Arcuscotangens arc cotangent
Arcussinus arc sine
Arcustangens arc tangent
arithmetische Folge arithmetic sequence
arithmetisches Mittel arithmetic mean
Assoziativgesetz associative law, associative
property
Asymptote asymptote
ist asymptotisch äquivalent zu
is asymptotically equivalent to
auf 3 Stellen (nach dem Komma) genau
correct to 3 decimal places (to the right of the
decimal point)
aufeinander senkrecht stehende Geraden
perpendicular lines
Auffaltung net
aufrunden (z. B. 1.34 auf 2 oder 4.78 auf 5)
to round up (e. g. 1.34 to 2 or 4.78 to 5)
Ausdruck expression
Ausgleichsgerade line of best fit
ausklammern to factor out, to factorise [B. E.],
to factorize [A. E.]
etwas ausklammern to place something
outside the brackets
ausmultiplizieren to expand
Außenwinkel exterior angle
äußeres Produkt cross product, outer product,
vector product
auswerten to evaluate
auswerten (einen Term) to evaluate (an
expression)
Auswertung evaluation
Azimuthwinkel azimuth angle
Balkendiagramm bar chart, block graph,
histogram
Basis base
Basis (einer Potenz) base (of a power)
Basis (eines Zahlensystems) base
(of a number system)
Basiswinkel base angle
Baumdiagramm tree diagram
bedingte Wahrscheinlichkeit conditional
probability
benachbarte Seiten adjacent sides

berechnen (einen Term)   to evaluate (an expression)
Bereich   region
Bernoulli-Experiment   Bernoulli experiment
Berührungspunkt   tangent point
bestimmtes Integral   definite integral
bestimmtes Integral von f(x) von a bis b
definite integral of f(x) taken from a to b
Betrag   absolute value, norm
Betrag eines Vektors   magnitude of a vector, norm of a vector
der Betrag von a   absolute a
Beweis   proof
beweisen   to prove
Beziehung   relation, relationship
Bias   bias
bijektiv   bijective
Bild (einer Abbildung)   image (of a mapping)
bildlich darstellen   to depict, to show pictorially
eine Billiarde   one quadrillion
eine Billion   one trillion
Binärsystem   binary system, dual system
Binomialverteilung   binomial distribution
Bogen (Kreis)   arc (circle)
Bogenlänge   arc length, length of arc
Bogenmaß   circular measure, radian measure
Breite   width
Brennpunkt   focus (pl. foci)
Brennpunkt (einer Parabel)   focus (pl. foci) (of a parabola)
Bruch   fraction
einen Bruch auf die einfachste Form bringen
to reduce a fraction to simplest form
Bruchstrich   fraction bar
Bruchteil der Veränderung   fractional change
Cosinus   cosine, cosinus [rare]
Cosinussatz   cosine rule, law of cosines
Cotangens   cotangent
d y nach d x   d y by d x [B. E.], d y over d x   [A. E.]
d y Quadrat nach d x Quadrat
d squared y over d x squared [A. E.], d two y by d x squared [B. E.]
daher   consequently, hence, therefore, thus
dann und nur dann wenn   if and only if, iff
darstellen   to depict
Darstellung   representation
Daten   data
Deckfläche   base
deckungsgleich   congruent
definiert   defined
definiert in einem Punkt   defined at a point
Definitionsbereich   domain, input set
Definitionsmenge   domain, input set
Dehnung   stretch
Dekagon   decagon

Delta y durch Delta x   delta y over delta x
Deltoid   kite
Denärsystem   denary system
denn   because
Determinante   determinant
Determinante vom Rang n   determinant of rank n
Dezimaldarstellung   decimal representation
Dezimalpunkt   decimal point
Dezimalstelle   decimal place
Dezimalsystem   decimal system
Dezimalzahl   decimal
diagonal   diagonal
Diagonale   diagonal
diagonalisieren   to diagonalise [B. E.], to diagonalize
Diagonalisierung   diagonalisation [B. E.], diagonalization
Diagramm   chart, diagram, plot [A. E.]
Dichtefunktion   density function
Differentialquotient   differential quotient
Differenz   difference
die Differenz von a und b ist c   the difference between a and b is c
Differenzenquotient   difference quotient, quotient of differences
Differenzial- und Integralrechnung   calculus
Differenzialrechnung   differential calculus
differenzierbar   differentiable
Differenzierbarkeit   differentiability
differenzieren   to derive
Dimension   dimension
direkter Beweis   direct proof
disjunkt   disjoint
disjunkte Ereignisse   disjoint events
diskrete Variable   discrete variable
Diskriminante   discriminant
Dispersion   spread
Dispersionsmaß   measure of dispersion
Distributivgesetz   distributive law, distributive property
divergent   divergent
divergente Folge   divergent sequence
divergente Reihe   divergent series
Divergenz   divergence
divergieren   to diverge
Dividend   dividend
dividieren   to divide
Division   division
Divisor   divisor
Dodekaeder   dodecahedron
Dodekagon   dodecagon
Doppelbruch   complex fraction
Doppelkegel   double cone
Drache   kite
Drachenviereck   kite

drehen to rotate, to turn
Drehmatrix rotation matrix
Drehpunkt center of rotation [A. E.], centre of rotation [B. E.]
Drehsinn direction of rotation, direction of the turn
Drehwinkel angle of rotation
Drehzentrum center of rotation [A. E.], centre of rotation [B. E.]
Dreieck triangle
Dreieckspyramide triangular based pyramid
Dreieckszahl triangle number
Dreisatz rule of three
dritte Wurzel von x cube root of x
ein Drittel one third
zwei Drittel two thirds
Dualsystem binary system, dual system
Duodezimalsystem duodecimal system
Durchmesser diameter
Durchschnitt average
eben plane
Ebene plane
ebene Fläche plane area
ebene Seitenfläche plane face
Ebenensymmetrie plane symmetry
ist (eine) echte Obermenge von is (a) proper superset of
ist (eine) echte Teilmenge von is (a) proper subset of
echter Bruch proper fraction
eckige Klammer square bracket
eckige Klammer auf square bracket
eckige Klammer zu close square bracket
Eckpunkt vertex (pl. vertices)
ein Mosaik erzeugen to tessellate
eindeutige Abbildung unique mapping
einfach geschlossene Kurve simple closed curve
einfache Zinsen simple interest
einfachste Form (eines Bruchs) simplest form (of a fraction)
Einheitskreis unit circle
Einheitsvektor unit vector
Einhüllende envelope
einhundert one hundred
Einpunktform point-slope form
eins one
einseitiger Grenzwert one-sided limit
eintausend one thousand
Element (einer Menge) element (of a set), member (of a set)
ist (ein) Element von is (an) element of, is (a) member of
Ellipse ellipse
Ellipsoid ellipsoid
elliptisch elliptic

Endkapital compound yields, final amount, new principal
endlich finite
endliche Folge finite sequence
endliche Reihe finite series
Endpunkt eines Vektors final point of a vector, head of a vector, tip of a vector
Ereignis event
Ereignis mit 50%-Wahrscheinlichkeit evens
Ergebnis result
Ergebnis (eines Zufallsexperiments) outcome (of a probability experiment)
Ergebnisraum sample space
erhabener Winkel [selten] reflex angle
ersetzen to substitute
Erwartungswert expectation, expected value, mathematical expectation, mean
es gibt there are, there exists, there is
Euler'sche Formel Euler's formula
Euler'sche Zahl Euler number
Existenz des inversen Elements inverse property
Existenz des neutralen Elements identity property
Existenzquantor existential quantifier
explizite Bildungsvorschrift explicit definition
Exponent exponent, index (pl. indices)
Exponentialfunktion exponential function
Extrapolation extrapolation
extrapolieren to extrapolate
Extremum (pl. Extrema) extremum (pl. extrema)
Extremwert extremum (pl. extrema)
exzentrisch eccentric
Exzentrizität eccentricity
f von x f of x
faire Würfel fair dice
fairer Würfel fair dice [sg.] [coll.], fair die
Faktor factor
faktorisieren to factorise [B. E.], to factorize [A. E.]
Fakultät factorial
falsche negative Vorhersage false negative prediction
falsche positive Vorhersage false positive prediction
Fehler error
Fibonacci-Folge Fibonacci sequence
Figur figure
Fit fit
fitten to fit, fitting
flach shallow
Fläche area, face
Fläche unter einer Kurve area under a graph
Flächeninhalt area
Flächenmaßstab area scale factor

Folge   sequence
aus a folgt b   a implies b
Form   shape
Formel   formula (pl. formulas or formulae [rare])
Fourier-Analyse   Fourier analysis
Fraktal   fractal
Funktion   function
Funktionentypen   types of functions
Funktionswert   function value
für alle   for all
Fußpunkt (einer Senkrechten)   foot
(of a perpendicular)
ganze Zahl   integer
ganzzahliger Teil   whole-number part
gegen L gehen   to approach L
gegen L konvergieren   to converge to L
Gegenbeispiel   counter-example
Gegenereignis   complementary event
Gegenkathete   opposite
gegenüberliegende Seiten   opposite sides
gekrümmt   curved
gekrümmte Fläche   curved area
gekrümmte Seitenfläche   curved face
**gemeinsame Differenz (einer
arithmetischen Folge)**   common difference
(of an arithmetic sequence)
gemeinsamer Nenner   common denominator
gemeinsamer Punkt (zweier Geraden)
common point (of two lines)
gemeinsamer Teiler   common factor
**gemeinsames Verhältnis (einer
geometrischen Folge)**   common ratio
(of a geometric sequence)
gemeinsames Vielfaches   common multiple
gemischte Zahl   mixed number
genau   exact
genau dann wenn   if and only if, iff
genau ein   exactly one, one and only one
genau n   exactly n
Genauigkeit   accuracy
Geodreieck   set square [B. E.], triangle [A. E.]
geometrische Figur   geometric figure
geometrische Folge   geometric sequence
geometrische Reihe   geometric series
geometrischer Ort   locus (pl. loci)
geometrisches Mittel   geometric mean
geometrisches Objekt   geometric object
geordnete Menge   ordered set
geordnete Menge von Zahlen   ordered set of
numbers
geordnetes Paar   ordered pair
Gerade   line, straight line
Gerade AB   line AB
Gerade durch A und B   line through A and B
gerade Pyramide   right pyramid
gerade Zahl   even number

Geradentreu   line-preserving
gerader Kegel   right cone
gerader Zylinder   right cylinder
gerades Prisma   right prism
gerichtete Fläche   signed area
gerundete Zahl   rounded number
geschlossene Kurve   closed curve
geschlossenes Intervall   closed interval
geschnitten mit   intersected with
geschwungene Klammer   brace, curly bracket
geschwungene Klammer auf   brace, curly
bracket
geschwungene Klammer zu   close brace,
close curly bracket
Gesetz der grossen Zahlen   law of large
numbers
Gestalt   shape
gestreckter Winkel   straight angle
geteilt durch   divided by, over
a geteilt durch b   a divided by b, a over b
a geteilt durch b ist gleich c   a divided
by b equals c
ggT (größter gemeinsamer Teiler)   GCD
(greatest common divisor), GCF (greatest
common factor), HCF (highest common factor)
ist gleich   is equal to
gleich   equals
gleich sein   to equal
gleich wahrscheinlich   equally likely
gleiche Chance   even chance
gleiche Winkel   congruent angles
Gleichheit   equality
gleichschenkliges Dreieck   isosceles triangle
gleichschenkliges Trapez   isosceles trapezium
[B. E.], isosceles trapezoid [A. E.]
gleichseitiges Dreieck   equilateral triangle
gleichsinnige Isometrie   direct isometry
Gleichung   equation
Gleichung (als Gegensatz zur Ungleichung)
equality
Gleichung mit Formvariablen   literal equation
Gleichungssystem   simultaneous equations,
system of equations
gleichwertige Verhältnisse   equivalent ratios
gleichwertiger Bruch   equivalent fraction
gleichwinkliges Dreieck   equiangular triangle
gleitende Spannweite   moving range
Gleitkommazahl   floating point number
Gleitspiegelung   glide reflection
globales Maximum   global maximum
globales Minimum   global minimum
Glockenform   bell-shape
Glockenkurve   bell curve
goldener Schnitt   golden ratio, golden rule,
golden section

Grad (eines Polynoms)   degree (of
a polynomial)
Grad (Winkel)   degree
Graph   graph
als Graph darstellen   to graph
graphisch darstellen   to graph, to plot
Grenzwert   limit
**der Grenzwert der Folge x n für n gegen
Unendlich ist b**   the limit of the sequence
x n as n approaches infinity is b
Größe   size
große Halbachse   major radius, semimajor axis,
semi-major axis
ist grösser als   is greater than
a ist grösser als b   a is greater than b
ist grösser gleich   is greater than or equal to
ist grösser oder gleich   is greater than or
equal to
Großkreis   great circle
größter gemeinsamer Teiler   greatest
common divisor, greatest common factor, highest
common factor
größter möglicher Fehler   greatest possible
error
Grundfläche   base
Grundflächendiagonale   diagonal of the base
Grundgesamtheit   population
Grundkante   base edge
Grundkapital   initial amount, original principal,
principal, principal amount
Grundlinie (eines Dreiecks)   base of triangle
Grundmenge   universal set
Grundseite   base
Grundwert   base
Grundzahl (eines Zahlensystems)   base
(of a number system)
Gruppe   group
halbe Drehung   half-turn
Halbgerade   half-line
Halbgerade mit Anfangspunkt A   half-line
with endpoint A
Halbierende   bisector
Halbkreis   semicircle
halbkreisförmig   semicircular
Halbkugel   hemisphere
halboffenes Intervall   half open interval
harmonische Reihe   harmonic series
harmonisches Mittel   harmonic mean
Häufigkeit   frequency
Häufigkeitsdiagramm   frequency diagram
Häufigkeitstabelle   frequency table
Hauptdiagonale   leading diagonal
**Hauptsatz der Differenzial- und
Integralrechnung**   fundamental theorem of
calculus
Helix   helix

herleiten   to deduce
Herleitung   deduction
Hexadezimalsystem   hexadecimal system
Hexaeder   cube
hinreichend   sufficient
hinreichende Bedingung   sufficient condition
Histogramm   bar chart, block graph, histogram
x hoch drei   x cubed
x hoch n   x to the nth power, x to the power
of n, x raised to the nth power, x raised to the
power of n, x to the n, x to the nth
Höhe   height
Höhe (eines Dreiecks)   altitude (of a triangle)
**Höhe der Seitenfläche einer Pyramide
(Länge)**   length of the slant height of a pyramid,
slant height of a pyramid (length)
**Höhe der Seitenfläche einer Pyramide
(Strecke)**   slant height of a pyramid (line
segment)
Höhenschnittpunkt   orthocenter (triangle)
[A. E.], orthocentre (triangle) [B. E.]
Hohlzylinder   hollow cylinder
horizontal   horizontal
horizontale Asymptote   horizontal asymptote
Hyperbel   hyperbola
Hypotenuse   hypotenuse
identische Geraden   identical lines
Ikosaeder   icosahedron
im Gegenuhrzeigersinn   anti-clockwise [adj.]
[adv.] [B. E.], counterclockwise [adj.] [adv.] [A. E.],
in a counterclockwise direction [A. E.],
in an anti-clockwise direction [B. E.]
im Uhrzeigersinn   clockwise [adj.] [adv.],
in a clockwise direction
imaginäre Achse   imaginary axis
imaginäre Zahl   imaginary number
Imaginärteil   imaginary part
Implikation   implication
impliziert   implies
implizite Bildungsvorschrift   implicit definition
Index (pl. Indizes)   subscript
b Index a   b sub a
indirekter Beweis   indirect proof
injektiv   injective
Inkreis   incircle
Inkreismittelpunkt   incenter [A. E.],
incentre [B. E.]
Inkreisradius   inradius
Innenwinkel   interior angle
inneres Produkt   dot product, inner product,
scalar product
integrable   integrable
Integral   integral
Integralrechnung   integral calculus
Integration   integration
integrieren   to integrate

Interpolation   interpolation
interpolieren   to interpolate
Interquartilsabstand   interquartile range
Intervall   interval
invariant   invariant
Invarianz   invariance
inverse Funktion   inverse function
inverser Vektor   inverse vector
inverses Element bezüglich der Addition
additive inverse, additive inverse element
**inverses Element bezüglich der
Multiplikation**   multiplicative inverse,
multiplicative inverse element
irrationale Zahl   irrational number
Isometrie   isometry
a ist kein Teiler von b   a does not divide b
a ist Teiler von b   a divides b
Kante   edge
Kantengraph   line graph
Kantenlänge   edge length
Kapital   principal
Kardinalität   cardinality
Kardinalzahl   cardinal number
eine Karte ziehen   to draw a card
Kartenspiel   pack of cards
Kartenstapel   pack of cards
kartesische Ebene   Cartesian plane
kartesische Koordinaten   Cartesian
coordinates
kartesisches Koordinatensystem   Cartesian
coordinate system
Kartesisches Produkt   Cartesian product
Kathete   leg (right-angled triangle), side (right-angled triangle)
Kegel   cone
Kegelschnitt   conic section
Kehrwert   reciprocal
ist kein Element von   is not an element of
ist keine echte Teilmenge von   is not
a proper subset of
ist keine Teilmenge von   is not a subset of
Kettenbruch   continued fraction
Kettenregel   chain rule
kgV (kleinstes gemeinsames Vielfaches)
LCM (least common multiple), LCM (lowest
common multiple)
Klammer   bracket
Klammer auf   bracket
d Klammer auf b plus c Klammer zu
d bracket b plus c close bracket
Klammer zu   close bracket
in Klammern   in brackets
a plus b in Klammern zum Quadrat   a plus b
in brackets squared
in Klassen eingeteilte Daten   grouped data
Klassierungsintervall   class interval

kleine Halbachse   minor radius, semiminor axis,
semi-minor axis
ist kleiner als   is less than
a ist kleiner als b   a is less than b
ist kleiner gleich   is less than or equal to
ist kleiner oder gleich   is less than or equal to
kleinstes gemeinsames Vielfaches   least
common multiple, lowest common multiple
Koeffizient   coefficient
kollinear   collinear
kollinear (Punkte)   collinear (points)
Kombination   combination
Kombinatorik   combinatorial analysis
null Komma fünf vier   zero point five four
kommutative Gruppe   commutative group
**kommutative Gruppe bezüglich
Multiplikation**   commutative group with respect
to multiplication
Kommutativgesetz   commutative law,
commutative property
Komplement   complement
Komplementärereignis   complementary event
Komplementärmenge   complementary set
Komplementärwinkel   complementary angles
komplexe Funktion   complex function
komplexe Zahl   complex number
komplexe Zahlenebene   complex plane
komplexwertige Funktion   complex function
Komponente (eines Vektors)   component
(of a vector)
konditionale Wahrscheinlichkeit   conditional
probability
kongruent   congruent
kongruent zu   congruent to
Kongruenz   congruence
Kongruenztransformation   congruence
transformation
konjugiert komplex   complex conjugate
konjugiert komplexes Zahlenpaar   conjugate
pair of complex numbers
Konjunktion   conjunction
konkaves Polygon   concave polygon, re-entrant
polygon
Konstante   constant
konstante Funktion   constant function
konstruieren   to construct
Konstruktion   construction
Konstruktion mit Zirkel und Lineal   ruler-compass construction
Kontingenztabelle   contingency table
Kontingenztafel   contingency table
kontinuierliche Variable   continuous variable
Kontraposition   contraposition
konvergent   convergent
konvergente Folge   convergent sequence
konvergente Reihe   convergent series

Konvergenz convergence
konvergieren to converge
konvexes Polygon convex polygon
konzentrisch concentric
Koordinate coordinate
Koordinatensystem coordinate system
koplanar (Punkte) coplanar (points)
Körper field, solid
Körper der reellen Zahlen real field
Korrelation correlation
Kovarianz covariance
Kreis circle
Kreisausschnitt sector (of a circle)
Kreisbogen arc (circle)
Kreisdiagramm pie chart
konzentrische Kreise concentric circles
Kreiskegel circular cone
Kreislinie circle
Kreisring annulus, ring
Kreissegment circle segment, circular segment, segment of a circle
Kreissehne circle chord
Kreissektor circle sector, circular sector
kreistreu circle-preserving
Kreiszylinder circular cylinder
Kreuzprodukt cross product, outer product, vector product
kritischer Punkt critical point
Krümmungsverhalten concavity
Kubikmeter cubic metre
Kubikwurzel cube root
kubische Funktion cubic function
kubisches Polynom cubic polynomial
Kuchendiagramm pie chart
Kugel sphere
Kurve curve, graph
Kurvendiskussion curve properties, curve sketching
kürzen (einen Bruch) to cancel (a fraction), to cancel down (a fraction)
Lageparameter measure of central tendency
Länge length
Länge der Strecke AB length of line segment AB, length of segment AB, measure of (the line segment) AB
Länge eines Vektors length of a vector, magnitude of a vector, norm of a vector
Längenmaßstab linear scale factor
längentreu length-preserving
leere Folge empty sequence
leere Menge empty set, null set
Legende (eines Diagramms) legend (of a diagram)
Leitlinie (einer Parabel) directrix (of a parabola)
Likelihood likelihood

Limes limit
Limes inferior lower limit
Limes superior upper limit
Lineal ruler
linear abhängig linearly dependent
linear unabhängig linearly independent
lineare Exzentrizität linear eccentricity
lineare Funktion linear function
lineare Gleichung linear equation
lineares Gleichungssystem system of linear equations
lineares Gleichungssystem in n Variablen system of linear equations in n variables
Liniendiagramm line graph
linksgekrümmt concave up
linksseitiger Grenzwert left-hand limit
Logarithmus logarithm
Logarithmus von b zur Basis c logarithm b base c, logarithm of b to base c, logarithm of b with a base c
Logarithmusfunktion log function, logarithmic function
Logarithmus-Funktion log function, logarithmic function
Logik logic
logisch logical
logisches Symbol logical symbol
lokales Maximum local maximum
lokales Minimum local minimum
lösen to solve
Lösung solution
Lösung (Ergebnis) result
Lösungsmenge solution set
Lösungsweg solution
Lücke gap
Mächtigkeit cardinality
mal multiplied by, times
a mal b a times b
a mal b ist gleich c a times b equals c
Mantel lateral area
Mantelfläche lateral area
Mantellinie (eines Kegels) slant height (of a cone)
Mantisse mantissa
Markierung mark
Maßeinheit unit
Maßstab scale, scale factor
mathematisches Symbol mathematical symbol
Matrix matrix
Matrizen matrices
Matrizenaddition matrix addition
Matrizenmultiplikation matrix multiplication
Matrizentransformation matrix transformation
Maximum (pl. Maxima) maximum (pl. Maxima)

Median median
Menge set
**Menge aller x für die gilt, dass x kleiner
ist als 3** set of all x's such that x is smaller than 3
Meter metre
Methode der kleinsten Fehlerquadrate least
squares method
Methode der kleinsten Quadrate least
squares method
eine Milliarde one billion
eine Million one million
mindestens ein at least one
Minimum (pl. Minima) minimum (pl. Minima)
Minuend minuend
Minus minus
minus acht (-8) negative eight (-8)
a minus b a minus b
a minus b ist gleich c a minus b equals c
**a minus Klammer auf b plus c Klammer
zu hoch 4** a minus the quantity b plus c to the
power of 4
Minus-Plus minus-plus
Minute (Winkel) minute (angle)
im Mittel on average
mitteln to average
Mittelpunkt center [A. E.], centre [B. E.]
Mittelpunkt (einer Strecke) midpoint
(of a line segment)
mittels Zählstrichen zählen to tally
Mittelsenkrechte mediator of a side,
perpendicular bisector of a side
Mittelwert average, mean
Mittelwertsatz mean value theorem
Modulo modulo
modulo m modulo m
n modulo m n modulo m
Modulo-Arithmetik modulo arithmetic
Modus mode
Möglichkeitsraum possibility space
monoton monotonic
monoton fallend monotonic decreasing,
monotonically decreasing
monoton steigend monotonic increasing,
monotonically increasing
monoton wachsend monotonic increasing,
monotonically increasing
Monotonie monotonicity, monotony
Mosaik mosaic
Multiplikation multiplication
Multiplikationssatz multiplication law
multiplizieren to multiply
**eine Münze landet mit „Kopf" („Zahl")
oben** a coin lands „head" („tail") up
eine Münze landet mit „Kopf" („Zahl")
a coin lands head (tail)

eine Münze werfen to toss a coin
Muster pattern
n Faktorielle [selten] n factorial
n Fakultät n factorial
n Möglichkeiten einzutreten n ways to occur
**n über k (Anzahl der k-elementigen
Teilmengen einer n-elementigen Menge)**
n over k (number of subsets of cardinality k of a
set of cardinality n)
nach oben beschränkt bounded above
nach unten beschränkt bounded below
nächster Zehntelmillimeter nearest tenth of
a millimetre
Näherung approximation
natürliche Zahl counting number, natural
number, whole number
natürlicher Logarithmus natural logarithm
Negation negation
negative Zahl negative number
negativer Vorhersagewert negative predictive
value
negativer Winkel negative angle
negatives Vorzeichen negative sign
Nenner denominator
Netz net
neutrales Element der Addition additive
identity element
nicht not
nicht gleich does not equal
ist nicht gleich is not equal to
nicht negative Zahl non-negative number
nicht positive Zahl non-positive number
nicht-singulär non-singular
n-mal-m-Matrix n-by-m matrix
Normalensteigung slope of the normal
Normalform slope-intercept form
Normalisierung normalisation [B. E.],
normalization
Normalverteilung normal distribution
Normalverteilungskurve normal distribution
curve
notwendig necessary
notwendig aber nicht hinreichend necessary
but not sufficient
**notwendige aber nicht hinreichende
Bedingung** necessary but not sufficient
condition
notwendige Bedingung necessary condition
n-te Ableitung nth derivative
n-tes Folgeglied (einer Folge) nth element
(of a sequence)
Null zero
null Komma fünf vier point five four
Nullfolge null sequence
Nullhypothese null hypothesis

Nullpunkt   origin, zero point
Nullpunktgerade   straight line through zero
Nullstelle   zero
Nullvektor   null vector, zero vector
Nullwinkel   null angle [A. E.] [rare], zero angle
Numeral   numeral
numerische Exzentrizität   eccentricity
obere Grenze (eines Integrals)   upper limit
(of an integral)
obere Schranke   upper bound
oberer Grenzwert   upper limit
oberes Quartil   upper quartile
Oberfläche   surface area
Obermenge   superset
ist (eine) Obermenge von   is (a) superset of
Obersumme   upper sum
Odds   odds
oder   or
offenes Intervall   open interval
Oktaeder   octahedron
Oktalsystem   octal system
Operation   operation
Operationszeichen   operation symbol
Ordinalzahl   ordinal number
Ordinate   ordinate
Ordnung (einer Matrix)   order (of a matrix)
Ordnung (einer Symmetrie)   order
(of a symmetry)
Ordnungszahl   ordinal number
Orientierung   sense
Orthogonalität   orthogonality
Ortslinie   locus (pl. loci)
Parabel   parabola
parallel   parallel [adj.] [adv.]
parallele Geraden   parallel lines
Parallelogramm   parallelogram
Parallelogramm-Regel   parallelogram rule
parkettieren   to tessellate
Parkettierung   tessellation, tiling
Partialbruchzerlegung   partial fraction
decomposition
Partialsumme   partial sum
partielle Integration   integration by parts
Pascalsches Dreieck   Pascal's triangle
Passante   non-intersecting line
Periode   period
eins Komma vier Periode   one point four
repeating
Periode (einer Dezimalzahl)   recurring
decimal part, repeating decimal part, repetend
periodisch   periodic
periodische Dezimalzahl   recurring decimal,
repeating decimal
Periodizität   periodicity
Perlen ziehen   to draw beads
Permutation   permutation

Perzentil   percentile
Pfeil   arrow
Pfeil-Repräsentation   arrow representation
Pi (3.14 …)   pi (3.14 …)
Piktogramm   pictogram
plus   plus
a plus b   a plus b
a plus b ist gleich c   a plus b equals c
plus sieben (+7)   positive seven (+7)
Plus-Minus   plus-minus
Pol   pole
Pol (Polarkoordinaten)   pole (polar
coordinates)
Polardiagramm   polar diagram
Polarkoordinaten   polar coordinates
Polarwinkel   bearing, polar angle
Polyeder   polyhedron
Polygon   polygon
Polynom   polynomial
Polynom n-ten Grades   polynomial of degree n
positive Zahl   positive number
positiver Vorhersagewert   positive predictive
value
positiver Winkel   positive angle
positives Vorzeichen   positive sign
Potenz   power
Potenz einer Variablen   power of a variable
n-te Potenz von x   nth power of x
Potenzieren   exponentiation, to raise to
a power
Potenzmenge   power set
Primfaktor   prime factor
Primfaktorzerlegung   prime decomposition,
prime factorisation
Primzahl   prime number
Prisma   prism
Produkt   product
das Produkt von a und b ist c   the product of
a and b is c
Produktregel   multiplication rule, product rule
Proportion   proportion
proportional   proportional
proportional zu   proportional to
Proportionalität   proportionality
Proportionalitätskonstante   constant of
proportionality, proportionality constant
Prozent   per cent, percent [A. E.]
Prozentbereich   percentile range
Prozentrechnung   percentage calculation
Prozentsatz   percent [A. E.], percentage, rate
prozentuelle Veränderung   percentage change
Prozentwert   amount, part
Prozentwert ist gleich Grundwert mal
Prozentsatz   amount equals base times
percentage
Punkt   point

Punktediagramm scatter diagram
Punkt-Steigungsform point-slope form
Punktsymmetrie point symmetry
Punktwolke scatter diagram
Pyramide pyramid
Quader cuboid, rectangular solid [rare]
Quadrant quadrant
Quadrat square
x Quadrat x squared
x zum Quadrat x squared
quadratische Formel quadratic formula
quadratische Funktion quadratic function
quadratische Gleichung quadratic equation
quadratische Pyramide square pyramid
quadratisches Polynom quadratic polynomial
Quadratmeter square metre
Quadratwurzel square root
Quadratwurzel von x square root of x
Quadratzahl perfect square
eine Quadrillion one septillion
Quantil quantile
Quartil quartile
Querschnitt cross-section
Querschnittsfläche cross-sectional area
Quersumme digit sum
Quote odds
Quotient quotient
der Quotient von a und b ist c the quotient of a divided by b is c
Quotientenregel quotient rule
Radian radian
Radikand radicand
Radius radius
radizieren to extract the root, extracting the root, to take the root
Rand (eines geometrischen Objekts) perimeter
Rand eines Kreises circumference of a circle
Rang (einer Matrix) rank (of a matrix)
rationale Zahl rational number
Raumdiagonale diagonal of the solid, space diagonal
räumlich spacial
Raumwinkel solid angle
Raute rhombus
Realteil real part
nicht quadratisches Rechteck oblong
Rechteck rectangle
Rechteckpyramide rectangular pyramid
rechter Winkel right angle
rechtsgekrümmt concave down
rechtsseitiger Grenzwert right-hand limit
rechtwinklig aufeinander stehen to be at right angles to one another
rechtwinkliges Dreieck right triangle [A. E.], right-angled triangle [B. E.]

reelle Achse real axis
reelle Funktion real function
reelle Zahl real number
reellwertige Funktion real function
Reflexion reflection
regelmäßiges Dekagon regular decagon
regelmäßiges Dodekagon regular dodecagon
regelmäßiges Polyeder regular polyhedron
regelmäßiges Polygon regular polygon
regelmäßiges Vieleck regular polygon
regelmäßiges Zehneck regular decagon
regelmäßiges Zwölfeck regular dodecagon
Region region
Regressionsgerade regression line
reguläres Polyeder regular polyhedron
Reihe series
rekursive Bildungsvorschrift recurrence relation
rekursive Definition recursive definition
relative Häufigkeit relative frequency
resultierender Vektor resultant, resultant vector
reziproke Funktion reciprocal function
Reziprokfunktion reciprocal function
Rhombus rhombus
richtige negative Vorhersage right negative prediction
richtige positive Vorhersage right positive prediction
Richtung direction
Ringtorus torus
römische Zahlensymbole Roman numerals
Rotation rotation
Rotationskörper body of revolution, solid of revolution
Rotationsrichtung direction of rotation, direction of the turn
Rotationssymmetrie rotational symmetry
Rotationssymmetrie um den Punkt A rotational symmetry about point A
runde Klammer bracket
runde Klammer auf bracket
runden to round, rounding
runden (auf weniger Dezimalstellen (z. B. 1.34 auf 1.3 oder 1.36 auf 1.4)) to round off (i. e. to round to less decimal places (e. g. 1.34 to 1.3 or 1.36 to 1.4))
Rundungsfehler rounding error
s n ist gleich die Summe aller a i von i gleich 1 bis n s sub n equals the sum a sub i from i equals 1 to n
Sattelpunkt saddle point
Satz des Pythagoras Pythagoras' theorem, Pythagorean theorem, theorem of Pythagoras
Satz von Bayes Bayes' theorem
Satz von Vieta Vieta's law, Viète's law

schätzen   to estimate
Schätzung   estimation
Scheitel   vertex, vertices
Scheitelpunkt   apex
Scheitelwinkel   opposite angles, vertically opposed angles
Schenkel   side
Schenkel (Dreieck)   side (triangle)
Scherung   shear
schiefer Zylinder   oblique cylinder
schiefes Prisma   oblique prism
schlussfolgern   to conclude, to infer
Schnittfläche   intersection
Schnittmenge   intersection
die Schnittmenge von   the intersection of
Schnittpunkt   intersection, intersection point, point of intersection
schräge Asymptote   oblique asymptote
schraubenförmig   helical
Schraubenlinie   helix
Schubspiegelung   glide reflection
Schwerlinie   median
Schwerpunkt (Dreieck)   centroid (triangle)
Sehne (Kreis)   chord (circle)
Seite   face
Seite (Dreieck)   side (triangle)
Seite (eines Würfels)   face (of a die)
Seitenfläche   face, lateral face
Seitenhalbierende   median
Seitenkante   lateral edge
Seitensymmetrale   mediator bisector of a side, perpendicular bisector of a side
Seitenwinkel   adjacent angles
Sekante   secant
Sekantensteigung   slope of a line
Sekunde (Winkel)   second (angle)
selbstinvers   self-inverse
senkrecht   perpendicular
senkrecht [adj.]   perpendicular, vertical
senkrecht [adv.]   perpendicular, perpendicularly, vertically
Senkrechte   perpendicular
Sensitivität   sensitivity
sich ausschließende Ereignisse   exclusive events
sich gegenseitig ausschließende Ereignisse   mutually exclusive events
sich schneidende Geraden   concurrent lines, intersecting lines
sicheres Ereignis   certain event
ein Siebtel   one seventh
drei Siebtel   three sevenths
signifikante Stelle   significant figure
singulär   singular
Singularität   singularity
Sinus   sine, sinus [rare]

sinusförmig   sinusoidal
Sinusfunktion   sinusoid
Sinuskurve   sine curve, sinusoid
Sinussatz   law of sines, sine rule
Skalar   scalar
skalare Größe   scalar quantity
Skalarmultiplikation   scalar multiplication
Skalarprodukt   dot product, inner product, scalar product
skalieren   to scale
skalieren (einen Vektor)   to re-scale (a vector)
Skalierungsfaktor   scale factor
Skalierungsfaktor der Flächen   area scale factor
Skalierungsfaktor der Längen   linear scale factor
Skalierungsfaktor der Volumen   volume scale factor
Spalte   column
Spaltenvektor   column vector
Spannweite   range
Spezifität   specivity
Spiegelmatrix   reflection matrix
Spiegelung   reflection
Spieltheorie   game theory
Spirale   spiral
Spitze (einer Pyramide)   apex (of a pyramid), vertex (of a pyramid)
Spitze (eines Kegels)   vertex (of a cone)
Spitze eines Vektors   tip of a vector
spitzer Winkel   acute angle
spitzwinkliges Dreieck   acute triangle
Sprungstelle   jump
Spur (einer Matrix)   trace (of a matrix)
Stammbruch   unit fraction
Stammfunktion   antiderivative
Standardabweichung   standard deviation
Standardform   standard form
stationärer Punkt   stationary point
Steigung   gradient, slope
Steigung der Normalen   slope of the normal
Steigung der Sekante   slope of a line
Steigung der Tangenten   slope of the tangent
steil   steep
Stellenwert   place value
stetig   continuous
stetig in einem Punkt   continuous at a point
Stetigkeit   continuity
Stichprobe   sample
eine Stichprobe entnehmen   to sample
Stichprobenentnahme   sampling
Stichprobenraum   sample space
Stichprobenumfang   sample size, total sample size
Strahl (Halbgerade)   ray (half-line)

Strahl mit Anfangspunkt A   ray with endpoint A
Strahlensatz   intercept theorem, proportionality theorem, theorem of intercepting lines
Strecke   line segment
Strecke AB   line segment AB
strecken (einen Vektor)   to stretch a vector
Streckensymmetrale   mediator, perpendicular bisector
Streckung   dilation, enlargement
Streckungszentrum   center of enlargement [A. E.], centre of enlargement [B. E.]
streng monoton fallend   strictly decreasing
streng monoton steigend   strictly increasing
streng monoton wachsend   strictly increasing
Streuung   spread
Streuungsmaß   measure of variability
Strichliste   tally
Stufenwinkel   corresponding angles
stumpfer Winkel   obtuse angle
stumpfwinkliges Dreieck   obtuse triangle
substituieren   to substitute
Substitution   substitution
Substitutionsregel   substitution rule
Subtrahend   subtrahend
subtrahieren   to subtract
Subtraktion   subtraction
Summand   addend
Summe   sum
die Summe von a und b ist c   the sum of a and b is c
Summenhäufigkeit   cumulative frequency
Summenhäufigkeitsdiagramm   cumulative frequency diagram, ogive
Summenpolygon   ogive
Summenregel   addition rule, sum rule
Summenzeichen   addition sign
supplementäre Winkel   supplementary angles
surjektiv   surjective
Symbol der Mengentheorie   set theory symbol
Symmetrie   symmetry
Symmetrie der Ordnung n   symmetry of order n
Symmetrieachse   axis of symmetry, line of symmetry
Symmetrieebene   plane of symmetry
Symmetriezentrum   center of symmetry [A. E.], centre of symmetry [B. E.]
symmetrisch zum Ursprung   symmetric about the origin
symmetrisch zur y-Achse   symmetric about the y-axis
Tabelle   spreadsheet, table
Tangens   tangent
Tangente   tangent, tangent line
Tangentensteigung   slope of the tangent

tangential [adj.]   tangential
tangential [adv.]   tangentially
n-ter Teil   nth part
teilbar   divisible
Teilbarkeit   divisibility
Teiler   divisor
teilerfremd   relatively prime
Teilmenge   subset
ist (eine) Teilmenge von   is (a) subset of
Teilungsrest   remainder
Term   expression
Tessellation   tessellation, tiling
Testen von Hypothesen   hypothesis testing
Tetraeder   tetrahedron
Torus   torus
Transformation   transformation
Translation   translation
transponieren   to transpose
Transposition   transposition
Transversale   transversal
Trapez   trapezium (pl. trapeziums or trapezia) [B. E.], trapezoid [A. E.]
Trigonometrie   trigonometry
trigonometrische Funktion   trigonometric function
eine Trilliarde   one sextillion
eine Trillion   one quintillion
type I error   Fehler 1. Art
type II error   Fehler 2. Art
sich überschneiden   to intersect
überstumpfer Winkel   reflex angle
Umfang   circumference (especially of a circle)
Umfang (eines geometrischen Objekts)   perimeter (of a geometric object)
Umfang der Grundgesamtheit   population size
umgekehrt proportional   inversely proportional, reciprocally proportional
umgekehrt proportional zu   inversely proportional to, reciprocally proportional to
umgekehrte Proportion   inverse proportion
Umkreis   circumcircle
Umkreismittelpunkt   circumcenter [A. E.], circumcentre [B. E.]
Umkreisradius   circumradius
unabhängige Ereignisse   independent events
unabhängige Variable   independent variable
unbestimmtes Integral   indefinite integral
unechter Bruch   improper fraction
uneigentliches Integral   improper integral
unendlich   infinite
unendliche Folge   infinite sequence
unendliche Reihe   infinite series
ungefähr   approximate
ist ungefähr gleich   is approximately equal to
ungerade Zahl   odd number
ungleich   does not equal

ist ungleich is not equal to
ungleichseitiges Dreieck scalene triangle
ungleichsinnige Isometrie opposite isometry
Ungleichung inequality
unitäre Matrix unitary matrix
unmögliches Ereignis impossible event
unstetig discontinuous
Unstetigkeit break, discontinuity
unter der Voraussetzung, dass … (bedingte Wahrscheinlichkeit) given that … (conditional probability)
untere Grenze (eines Integrals) lower limit (of an integral)
untere Schranke lower bound
unterer Grenzwert lower limit
unteres Quartil lower quartile
Untersumme lower sum
unwahrscheinlich unlikely
Urbild (einer Abbildung) object (of a mapping)
ursprüngliche Zahl original number
Ursprungsgerade straight line through zero
Variable variable
Varianz variance
Vektor vector
einen Vektor stauchen to shorten a vector
einen Vektor zerlegen to decompose a vector
Vektoraddition vector addition
Vektoranalysis vector analysis
vektorielle Größe vector quantity
Vektorprodukt cross product, outer product, vector product
Vektorraum vector space
Vektorsubtraktion vector subtraction
Vektorzerlegung resolution of a vector, vector decomposition
Venn-Diagramm Venn diagram
verallgemeinern to generalise [B. E.], to generalize [A. E.]
Verallgemeinerung generalisation
vereinfachen (eine Gleichung) to simplify (an equation)
die Vereinigung von the union of
Vereinigungsmenge union set
die Vereinigungsmenge von the union of
Vergrößerung enlargement
Vergrößerungsmatrix enlargement matrix
x verhält sich proportional zu y x varies directly as y
x verhält sich umgekehrt proportional zu y x varies inversely as y
a verhält sich zu b wie c zu d a is to b as c is to d
Verhältnis ratio
Verhältnis von a zu b ratio of a to b
verketten (Abbildungen) to compose (mappings)
verkettet mit composed with
verkettete Abbildung composite mapping
verkettete Funktion composite function
Verkettung composite function
Verknüpfung operation
Verknüpfungssymbol operation symbol
verkürzen to truncate
Vermutung conjecture
verschieben to displace, to shift
Verschiebung translation
Verschiebung in x-Richtung translation in x-direction
Verschiebung in y-Richtung translation in y-direction
Verschiebungsvektor displacement
verschoben displaced, shifted
Versuch-und-Verbesserungsmethode trial-and-improvement method
Verteilung distribution
vertikal vertical
vertikale Asymptote vertical asymptote
Verzerrung bias
ist viel grösser als is much bigger than
ist viel kleiner als is much less than
Vieleck polygon
Vielfaches multiple
Viereck quadrangle, quadrilateral
Vierfeldertafel contingency table
Vierteldrehung quarter of a turn, quarter turn
voller Winkel complete rotation, full angle [A. E.], turn
vollkommene Zahl perfect number
Vollkreis full circle
vollständige Induktion induction, mathematical induction
Vollwinkel complete rotation, full angle [A. E.], turn
Volumen volume
Volumenmaßstab volume scale factor
von hundert per cent
von Null verschieden nonzero
von Null verschiedene Zahl nonzero number
voneinander abhängige Ereignisse dependent events
voneinander unabhängige Ereignisse independent events
Vorzeichen sign
Vorzeichendiagramm sign diagram
wahrscheinlich likely
Wahrscheinlichkeit likelihood, probability
Wahrscheinlichkeit, dass ein Ereignis eintritt probability of an event occurring
Wahrscheinlichkeitsdichtefunktion probability density function
Wahrscheinlichkeitsraum probability space

Wahrscheinlichkeitsrechnung   probability calculation
Wahrscheinlichkeitsverteilung   probability distribution
Wechselwinkel   alternate angles
Wendepunkt   inflection point, point of inflection
Wertebereich   codomain, output set, range
Wertemenge   codomain, output set, range
Wertetabelle   table of values
wertgleiche Verhältnisse   equivalent ratios
wertgleicher Bruch   equivalent fraction
widerlegen   to disprove
sich wiederholende Zahlenfolge   recurring sequence
windschiefe Geraden   skew lines
Winkel   angle
einen Winkel aufspannen   to subtend (an angle)
einen Winkel einschließen mit   to enclose an angle with, to encompass an angle with
einen Winkel halbieren   to bisect an angle
Winkelgrad   degree
Winkelhalbierende   angle bisector, bisector of an angle
Winkelmesser   protractor
Winkelminute   minute of angle
Winkelsekunde   second of angle
Winkelsymmetrale   angle bisector, bisector of an angle
winkeltreu   angle-preserving
wissenschaftliche Schreibweise   scientific notation
Wurf eines Würfels   roll of a dice [coll.], roll of a die
Würfel   cube
Würfel (Spiel) [pl.]   dice (game) [pl.]
Würfel (Spiel) [sg.]   dice (game) [sg.] [coll.], die (game) [sg.]
einen Würfel werfen   to cast a dice [coll.], to cast a die, to roll a dice [coll.], to roll a die
würfeln   to dice
Wurzel   root
n-te Wurzel von x   nth root of x
Wurzel von x   square root of x
die Wurzel ziehen   to extract the root, to take the root
Wurzelexponent   index (pl. indices)
Wurzelexponenten   indices
Wurzelfunktion   root of function
Wurzelgleichung   root of equation
Wurzelziehen   extracting the root
y Strich (y')   y dash (y'), y prime (y')
y zwei Strich (y")   y double dash (y"), y double prime (y")
y-Achsenabschnitt   y-intercept
Zahl   number

Zahlenfolge   sequence of numbers
Zahlengerade   number line
Zahlenmuster   number pattern
Zahlenpalindrom   palindromic number
Zahlensymbol   numeral
Zahlensystem   number system
Zähler   numerator
Zählstrich   hash mark, tally, tally mark
zehn   ten
Zehneck   decagon
Zehnerlogarithmus   common logarithm, decadic logarithm
Zehnerpotenz   power of ten
zeigen (in eine bestimmte Richtung)   to point (in a certain direction)
Zeile   row
Zeilenvektor   row vector
Zentimeter   centimetre
zentraler Grenzwertsatz   central limit theorem
Zentralwert   median
zentrische Streckung   enlargement
Zentrum einer Verteilung   center of a distribution [A. E.], centre of a distribution [B. E.]
zerlegen (einen Vektor)   to resolve (a vector)
Ziffer   digit
Zinsen   interest
Zinsen sind gleich Kapital mal Zinssatz mal Zeit   simple interest equals principal times interest rate times time
Zinseszinsen   compound interest
Zinsrechnung   calculation of interest, interest calculation
Zinssatz   interest rate
Zirkel   compass, compasses, pair of compasses [rare]
eins zu drei (1 : 3)   one to three (1 : 3)
zueinander normale Geraden   perpendicular lines
zufällig   random, at random
Zufallsgenerator   random generator
Zufallsvariable   random variable
Zufallszahl   random number
Zufallszahlengenerator   random number generator
zum Quadrat   squared
zusammenfallende Geraden   overlapping lines
zusammengesetzte Funktion   composite function
zusammengesetzte Zahl   composite number
Zweipunkteform   two-point form
Zwölfeck   dodecagon
zyklisches Viereck   cyclic quadrilateral
Zylinder   cylinder

Teil 3
Themenspezifische
Wortverzeichnisse

Algebra / Algebra

accuracy	Genauigkeit
approximate	ungefähr
approximation	Näherung
correct to 3 decimal places (to the right of the decimal point)	auf 3 Stellen (nach dem Komma) genau
error	Fehler
to estimate	abschätzen, schätzen
estimation	Abschätzung, Schätzung
exact	genau
greatest possible error	größter möglicher Fehler
nearest tenth of a millimetre	nächster Zehntelmillimeter
significant figure	signifikante Stelle
algebraic structure	algebraische Struktur
→ field	Körper
→ group	Gruppe
vector space[1]	Vektorraum
complex number	komplexe Zahl
complex conjugate	konjugiert komplex
complex plane	komplexe Zahlenebene
conjugate pair of complex numbers	konjugiert komplexes Zahlenpaar
imaginary axis	imaginäre Achse
imaginary part	Imaginärteil
→ polar coordinates	Polarkoordinaten
real axis	reelle Achse
real part	Realteil
decimal	Dezimalzahl
decimal place	Dezimalstelle
decimal point	Dezimalpunkt
decimal representation	Dezimaldarstellung
→ decimal system	Dezimalsystem
digit	Ziffer
digit sum	Quersumme
place value	Stellenwert
zero point five four	null Komma fünf vier
point five four	null Komma fünf vier
recurring decimal	periodische Dezimalzahl
recurring decimal part	Periode (einer Dezimalzahl)

---

[1] see chapter vector geometry

recurring sequence	sich wiederholende Zahlenfolge
one point four repeating	eins Komma vier Periode
repeating decimal	periodische Dezimalzahl
repeating decimal part	Periode (einer Dezimalzahl)
repetend	Periode (einer Dezimalzahl)
terminating decimal representation	abbrechende Dezimaldarstellung

decimal system — Dezimalsystem

one	eins
ten	zehn
one hundred	einhundert
one thousand	eintausend
one million	eine Million
one billion	eine Milliarde
one trillion	eine Billion
one quadrillion	eine Billiarde
one quintillion	eine Trillion
one sextillion	eine Trilliarde
one septillion	eine Quadrillion

difference — Differenz

the difference between a and b is c	die Differenz von a und b ist c
minuend	Minuend
minus	minus
a minus b	a minus b
to subtract	subtrahieren
subtraction	Subtraktion
subtrahend	Subtrahend

equation — Gleichung

a divided by b equals c	a geteilt durch b ist gleich c
to equal	gleich sein
equality	Gleichheit, Gleichung (als Gegensatz zur Ungleichung)
→ expression	Term
formula (pl. formulas or formulae [rare])	Formel
a is greater than b	a ist grösser als b
inequality	Ungleichung
a is less than b	a ist kleiner als b
linear equation	lineare Gleichung
literal equation	Gleichung mit Formvariablen
a minus b equals c	a minus b ist gleich c
a plus b equals c	a plus b ist gleich c
→ quadratic equation	quadratische Gleichung
result	Ergebnis, Lösung (Ergebnis)
root of equation	Wurzelgleichung

to simplify (an equation)	vereinfachen (eine Gleichung)
simultaneous equations	Gleichungssystem
solution	Lösung, Lösungsweg
solution set	Lösungsmenge
to solve	lösen
to substitute	ersetzen, substituieren
substitution	Substitution
system of equations	Gleichungssystem
system of linear equations	lineares Gleichungssystem
system of linear equations in n variables	lineares Gleichungssystem in n Variablen
a times b equals c	a mal b ist gleich c
trial-and-improvement method	Versuch-und-Verbesserungsmethode

expression — Ausdruck, Term

brace	geschwungene Klammer, geschwungene Klammer auf
bracket	Klammer, Klammer auf, runde Klammer, runde Klammer auf
d bracket b plus c close bracket …	d Klammer auf b plus c Klammer zu
in brackets	in Klammern
a plus b in brackets squared	a plus b in Klammern zum Quadrat
close brace	geschwungene Klammer zu
close bracket	Klammer zu
close curly bracket	geschwungene Klammer zu
close square bracket	eckige Klammer zu
curly bracket	geschwungene Klammer, geschwungene Klammer auf
to evaluate (an expression)	auswerten (einen Term), berechnen (einen Term)
a minus the quantity b plus c to the power of 4	a minus Klammer auf b plus c Klammer zu hoch 4
→ operation	Operation, Verknüpfung
square bracket	eckige Klammer, eckige Klammer auf
b sub a	b Index a

field — Körper

commutative group with respect to multiplication	kommutative Gruppe bezüglich Multiplikation
distributive law	Distributivgesetz
distributive property	Distributivgesetz
multiplicative inverse	inverses Element bezüglich der Multiplikation
multiplicative inverse element	inverses Element bezüglich der Multiplikation
nonzero	von Null verschieden

real field   Körper der reellen Zahlen

floating point number — Gleitkommazahl

base   Basis
exponent   Exponent
mantissa   Mantisse
normalisation [B. E.]   Normalisierung
normalization   Normalisierung
scientific notation   wissenschaftliche Schreibweise

fraction — Bruch

to cancel (a fraction)   kürzen (einen Bruch)
to cancel down (a fraction)   kürzen (einen Bruch)
common denominator   gemeinsamer Nenner
complex fraction   Doppelbruch
continued fraction   Kettenbruch
denominator   Nenner
a divided by b   a geteilt durch b
equivalent fraction   äquivalenter Bruch, gleichwertiger Bruch, wertgleicher Bruch

fraction bar   Bruchstrich
improper fraction   unechter Bruch
mixed number   gemischte Zahl
numerator   Zähler
a over b   a geteilt durch b
nth part   n-ter Teil
proper fraction   echter Bruch
reciprocal   Kehrwert
to reduce a fraction to simplest form   einen Bruch auf die einfachste Form bringen

one seventh   ein Siebtel
three sevenths   drei Siebtel
simplest form (of a fraction)   einfachste Form (eines Bruchs)
one third   ein Drittel
two thirds   zwei Drittel
unit fraction   Stammbruch

group — Gruppe

Abelian group   Abelsche Gruppe
additive identity element   neutrales Element der Addition
additive inverse   inverses Element bezüglich der Addition
additive inverse element   inverses Element bezüglich der Addition
associative law   Assoziativgesetz
associative property   Assoziativgesetz
closure property   Abgeschlossenheit
commutative group   kommutative Gruppe

commutative law	Kommutativgesetz
commutative property	Kommutativgesetz
identity property	Existenz des neutralen Elements
inverse property	Existenz des inversen Elements
self-inverse	selbstinvers
zero	Null

interest calculation — Zinsrechnung

calculation of interest	Zinsrechnung
compound interest	Zinseszinsen
compound yields	Endkapital
final amount	Endkapital
initial amount	Grundkapital
interest	Zinsen
interest rate	Zinssatz
new principal	Endkapital
original principal	Grundkapital
principal	Grundkapital, Kapital
principal amount	Grundkapital
simple interest	einfache Zinsen
simple interest equals principal times interest rate times time	Zinsen sind gleich Kapital mal Zinssatz mal Zeit

logic — Logik

at least one	mindestens ein
to conclude	schlussfolgern
conjunction	Konjunktion
disjunction	Alternative
exactly n	genau n
exactly one	genau ein
existential quantifier	Existenzquantor
implication	Implikation
to infer	schlussfolgern
logical	logisch
→ logical symbol	logisches Symbol
necessary	notwendig
necessary but not sufficient	notwendig aber nicht hinreichend
negation	Negation
one and only one	genau ein
sufficient	hinreichend
universal quantifier	Allquantor

logical symbol — logisches Symbol

because	denn
consequently	daher
equivalent	äquivalent

is equivalent to	ist äquivalent zu
for all	für alle
hence	daher
if and only if	dann und nur dann wenn, genau dann wenn
iff	dann und nur dann wenn, genau dann wenn
implies	impliziert
a implies b	aus a folgt b
not	nicht
or	oder
there are	es gibt
there exists	es gibt
there is	es gibt
therefore	daher
thus	daher

mathematical symbol / mathematisches Symbol

is approximately equal to	ist ungefähr gleich
is asymptotically equivalent to	ist asymptotisch äquivalent zu
divided by	geteilt durch
does not equal	nicht gleich, ungleich
is equal to	ist gleich
equals	gleich
factorial	Fakultät
is greater than	ist grösser als
is greater than or equal to	ist grösser gleich, ist grösser oder gleich
is less than	ist kleiner als
is less than or equal to	ist kleiner gleich, ist kleiner oder gleich
minus	minus
minus-plus	Minus-Plus
is much bigger than	ist viel grösser als
is much less than	ist viel kleiner als
multiplied by	mal
is not equal to	ist nicht gleich, ist ungleich
over	geteilt durch
plus	plus
plus-minus	Plus-Minus
times	mal
a times b equals c	a mal b ist gleich c

matrix / Matrix

array	Anordnung
column	Spalte
determinant	Determinante

determinant of rank n	Determinante vom Rang n
diagonalisation [B. E.]	Diagonalisierung
to diagonalise [B. E.]	diagonalisieren
diagonalization	Diagonalisierung
to diagonalize	diagonalisieren
leading diagonal	Hauptdiagonale
matrices	Matrizen
matrix addition	Matrizenaddition
matrix multiplication	Matrizenmultiplikation
matrix transformation	Matrizentransformation
n-by-m matrix	n-mal-m-Matrix
order (of a matrix)	Ordnung (einer Matrix)
rank (of a matrix)	Rang (einer Matrix)
reflection matrix	Spiegelmatrix
rotation matrix	Drehmatrix
row	Zeile
trace (of a matrix)	Spur (einer Matrix)
to transpose	transponieren
transposition	Transposition
unitary matrix	unitäre Matrix

modulo arithmetic — Modulo-Arithmetik

modulo	Modulo
modulo m	modulo m
n modulo m	n modulo m

number — Zahl

counting number	natürliche Zahl
natural number	natürliche Zahl
whole number	natürliche Zahl
integer	ganze Zahl
rational number	rationale Zahl
irrational number	irrationale Zahl
real number	reelle Zahl
imaginary number	imaginäre Zahl
complex number	komplexe Zahl
even number	gerade Zahl
nonzero number	von Null verschiedene Zahl
number line	Zahlengerade
numeral	Numeral, Zahlensymbol
odd number	ungerade Zahl
palindromic number	Zahlenpalindrom
perfect number	vollkommene Zahl
perfect square	Quadratzahl
pi (3.14 …)	Pi (3.14 …)

→ prime number	Primzahl
Roman numerals	römische Zahlensymbole
triangle number	Dreieckszahl

number system · Zahlensystem

base (of a number system)	Basis (eines Zahlensystems), Grundzahl (eines Zahlensystems)
binary system	Binärsystem, Dualsystem
decimal system	Dezimalsystem
denary system	Denärsystem
dual system	Binärsystem, Dualsystem
duodecimal system	Duodezimalsystem
hexadecimal system	Hexadezimalsystem
octal system	Oktalsystem

operation · Operation, Verknüpfung

addition	Addition
division	Division
multiplication	Multiplikation
→ operation symbol	Operationszeichen, Verknüpfungssymbol
subtraction	Subtraktion

operation symbol · Operationszeichen, Verknüpfungssymbol

divided by	geteilt durch
minus	minus
plus	plus
times	mal

percentage calculation · Prozentrechnung

amount	Prozentwert
amount equals base times percentage	Prozentwert ist gleich Grundwert mal Prozentsatz
base	Grundwert
fractional change	Bruchteil der Veränderung
part	Prozentwert
per cent	Prozent, von hundert
percent [A. E.]	Prozent, Prozentsatz
percentage	Prozentsatz
percentage change	prozentuelle Veränderung
rate	Prozentsatz

polar coordinates · Polarkoordinaten

azimuth angle	Azimuthwinkel
bearing	Polarwinkel
distance (polar coordinates)	Abstand (Polarkoordinaten)

polar angle	Polarwinkel
polar diagram	Polardiagramm
pole (polar coordinates)	Pol (Polarkoordinaten)

power — Potenz

base (of a power)	Basis (einer Potenz)
x cubed	x hoch drei
Euler number	Euler'sche Zahl
exponent	Exponent
exponential function	Exponentialfunktion
exponentiation	Potenzieren
index (pl. indices)	Exponent
x to the nth power	x hoch n
x to the power of n	x hoch n
power of ten	Zehnerpotenz
nth power of x	n-te Potenz von x
to raise to a power	potenzieren
x raised to the nth power	x hoch n
x raised to the power of n	x hoch n
x squared	x Quadrat, x zum Quadrat
squared	zum Quadrat
x to the n	x hoch n
x to the nth	x hoch n

prime number — Primzahl

composite number	zusammengesetzte Zahl
prime decomposition	Primfaktorzerlegung
prime factor	Primfaktor
prime factorisation	Primfaktorzerlegung

product — Produkt

common factor	gemeinsamer Teiler
common multiple	gemeinsames Vielfaches
to expand	ausmultiplizieren
factor	Faktor
to factor out	ausklammern
to factorise [B. E.]	ausklammern, faktorisieren
to factorize [A. E.]	ausklammern, faktorisieren
GCD (greatest common divisor)	ggT (größter gemeinsamer Teiler)
GCF (greatest common factor)	ggT (größter gemeinsamer Teiler)
greatest common divisor	größter gemeinsamer Teiler
greatest common factor	größter gemeinsamer Teiler
HCF (highest common factor)	ggT (größter gemeinsamer Teiler)
highest common factor	größter gemeinsamer Teiler
LCM (least common multiple)	kgV (kleinstes gemeinsames Vielfaches)
LCM (lowest common multiple)	kgV (kleinstes gemeinsames Vielfaches)

least common multiple	kleinstes gemeinsames Vielfaches
lowest common multiple	kleinstes gemeinsames Vielfaches
multiple	Vielfaches
multiplication	Multiplikation
to multiply	multiplizieren
to place something outside the brackets	etwas ausklammern
the product of a and b is c	das Produkt von a und b ist c
times	mal
a times b	a mal b

proof

Beweis

conjecture	Vermutung
contraposition	Kontraposition
counter-example	Gegenbeispiel
to deduce	ableiten (logisch), herleiten
deduction	Herleitung
direct proof	direkter Beweis
to disprove	widerlegen
generalisation	Verallgemeinerung
to generalise [B. E.]	verallgemeinern
to generalize [A. E.]	verallgemeinern
indirect proof	indirekter Beweis
induction	vollständige Induktion
mathematical induction	vollständige Induktion
to prove	beweisen

quadratic equation

quadratische Gleichung

discriminant	Diskriminante
quadratic formula	quadratische Formel
standard form	Standardform
Vieta's law	Satz von Vieta
Viète's law	Satz von Vieta

quotient

Quotient

to divide	dividieren
a divided by b	a geteilt durch b
dividend	Dividend
a divides b	a ist Teiler von b
divisibility	Teilbarkeit
divisible	teilbar
division	Division
divisor	Divisor, Teiler
a does not divide b	a ist kein Teiler von b
→ fraction	Bruch
the quotient of a divided by b is c	der Quotient von a und b ist c
reciprocal	Kehrwert

relatively prime	teilerfremd
remainder	Teilungsrest
whole-number part	ganzzahliger Teil

ratio   Verhältnis

equivalent ratios	äquivalente Verhältnisse, gleichwertige Verhältnisse, wertgleiche Verhältnisse
ratio of a to b	Verhältnis von a zu b

root   Wurzel

cube root	Kubikwurzel
cube root of x	dritte Wurzel von x
to extract the root	radizieren, die Wurzel ziehen
extracting the root	Radizieren, Wurzelziehen
index (pl. indices)	Wurzelexponent
indices	Wurzelexponenten
radicand	Radikand
nth root of x	n-te Wurzel von x
square root	Quadratwurzel
square root of x	Quadratwurzel von x, Wurzel von x
to take the root	radizieren, die Wurzel ziehen

rounding   Runden

original number	ursprüngliche Zahl
to round	runden
to round 1.37 to 1.4	1.37 auf 1.4 runden
to round down (e. g. 1.34 to 1 or 4.78 to 4)	abrunden (z. B. 1.34 auf 1 oder 4.78 auf 4)
to round off (i. e. to round to less decimal places (e. g. 1.34 to 1.3 or 1.36 to 1.4))	runden (auf weniger Dezimalstellen (z. B. 1.34 auf 1.3 oder 1.36 auf 1.4))
to round to 2 decimal places (to the right of the decimal point)	auf 2 Stellen (nach dem Komma) runden
to round up (e. g. 1.34 to 2 or 4.78 to 5)	aufrunden (z. B. 1.34 auf 2 oder 4.78 auf 5)
rounded number	gerundete Zahl
rounding error	Rundungsfehler
to truncate	abschneiden, verkürzen

set   Menge

cardinal number	Kardinalzahl
cardinality	Kardinalität, Mächtigkeit
Cartesian product	Kartesisches Produkt
complement	Komplement
complementary set	Komplementärmenge
Cross product	Kreuzprodukt
disjoint	disjunkt

element (of a set)	Element (einer Menge)
empty set	leere Menge
finite	endlich
infinite	unendlich
intersection	Schnittmenge
member (of a set)	Element (einer Menge)
null set	leere Menge
ordered set	geordnete Menge
ordinal number	Ordinalzahl, Ordnungszahl
power set	Potenzmenge
set of all x's such that x is smaller than 3	Menge aller x für die gilt, dass x kleiner ist als 3
→ set theory symbol	Symbol der Mengentheorie
subset	Teilmenge
superset	Obermenge
union set	Vereinigungsmenge
universal set	Grundmenge
Venn diagram	Venn-Diagramm

set theory symbol / Symbol der Mengentheorie

composed with	verkettet mit
is (an) element of	ist (ein) Element von
intersected with	geschnitten mit
the intersection of	die Schnittmenge von
is (a) member of	ist (ein) Element von
is not a proper subset of	ist keine echte Teilmenge von
is not a subset of	ist keine Teilmenge von
is not an element of	ist kein Element von
is (a) proper subset of	ist (eine) echte Teilmenge von
is (a) proper superset of	ist (eine) echte Obermenge von
is (a) subset of	ist (eine) Teilmenge von
is (a) superset of	ist (eine) Obermenge von
the union of	die Vereinigung von, die Vereinigungsmenge von

sign / Vorzeichen

absolute a	der Betrag von a
absolute value	Betrag
minus	Minus
negative eight (-8)	minus acht (-8)
negative number	negative Zahl
negative sign	negatives Vorzeichen
non-negative number	nicht negative Zahl
non-positive number	nicht positive Zahl
norm	Betrag

plus	Plus
positive number	positive Zahl
positive seven (+7)	plus sieben (+7)
positive sign	positives Vorzeichen

sum — Summe

to add	addieren
addend	Summand
addition	Addition
plus	plus
a plus b	a plus b
the sum of a and b is c	die Summe von a und b ist c

tessellation — Parkettierung, Tessellation

mosaic	Mosaik
pattern	Muster
to tessellate	ein Mosaik erzeugen, parkettieren
tiling	Parkettierung, Tessellation

unit — Maßeinheit

centimetre	Zentimeter
cubic metre	Kubikmeter
metre	Meter
square metre	Quadratmeter

variable — Variable

continuous variable	kontinuierliche Variable
dependent variable	abhängige Variable
discrete variable	diskrete Variable
independent variable	unabhängige Variable

Geometry / Geometrie

angle — Winkel

acute angle	spitzer Winkel
adjacent angles	Seitenwinkel
alternate angles	Wechselwinkel
circular measure	Bogenmaß
complementary angles	Komplementärwinkel
congruent angles	gleiche Winkel
corresponding angles	Stufenwinkel
degree	Grad (Winkel), Winkelgrad
to enclose an angle with	einen Winkel einschließen mit
to encompass an angle with	einen Winkel einschließen mit

exterior angle	Außenwinkel
full angle [A. E.]	voller Winkel, Vollwinkel
interior angle	Innenwinkel
minute (angle)	Minute (Winkel)
minute of angle	Winkelminute
negative angle	negativer Winkel
null angle [A. E.] [rare]	Nullwinkel
obtuse angle	stumpfer Winkel
opposite angles	Scheitelwinkel
perpendicular	senkrecht [adj.], senkrecht [adv.]
positive angle	positiver Winkel
protractor	Winkelmesser
radian	Radian
radian measure	Bogenmaß
reflex angle	erhabener Winkel [selten], überstumpfer Winkel
right angle	rechter Winkel
to be at right angles to one another	rechtwinklig aufeinander stehen
second (angle)	Sekunde (Winkel)
second of angle	Winkelsekunde
side	Schenkel
solid angle	Raumwinkel
straight angle	gestreckter Winkel
to subtend (an angle)	einen Winkel aufspannen
supplementary angles	supplementäre Winkel
vertex	Scheitel
vertical	senkrecht [adj.]
vertically	senkrecht [adv.]
vertically opposed angles	Scheitelwinkel
vertices	Scheitel
zero angle	Nullwinkel

circle   Kreis

annulus	Kreisring
arc (circle)	Bogen (Kreis), Kreisbogen
arc length	Bogenlänge
center [A. E.]	Mittelpunkt
centre [B. E.]	Mittelpunkt
chord (circle)	Sehne (Kreis)
circle	Kreislinie
circle chord	Kreissehne
circle sector	Kreissektor
circle segment	Kreissegment
concentric circles	konzentrische Kreise
circular sector	Kreissektor

circular segment	Kreissegment
circumcenter [A. E.]	Umkreismittelpunkt
circumcentre [B. E.]	Umkreismittelpunkt
circumcircle	Umkreis
circumference (especially of a circle)	Umfang
circumference of a circle	Rand eines Kreises
circumradius	Umkreisradius
concentric	konzentrisch
diameter	Durchmesser
full circle	Vollkreis
length of arc	Bogenlänge
radius	Radius
ring	Kreisring
sector (of a circle)	Kreisausschnitt
segment of a circle	Kreissegment
semicircle	Halbkreis
semicircular	halbkreisförmig

cone — Kegel

circular cone	Kreiskegel
→ conic section	Kegelschnitt
double cone	Doppelkegel
height	Höhe
right cone	gerader Kegel
slant height (of a cone)	Mantellinie (eines Kegels)
vertex (of a cone)	Spitze (eines Kegels)

conic section — Kegelschnitt

circle	Kreis
ellipse	Ellipse
hyperbola	Hyperbel
parabola	Parabel

construction — Konstruktion

compass	Zirkel
compasses	Zirkel
to construct	konstruieren
pair of compasses [rare]	Zirkel
protractor	Winkelmesser
ruler	Lineal
ruler-compass construction	Konstruktion mit Zirkel und Lineal
set square [B. E.]	Geodreieck
triangle [A. E.]	Geodreieck

cuboid — Quader

base	Deckfläche, Grundfläche

cube	Würfel
diagonal	diagonal, Diagonale
diagonal of the base	Grundflächendiagonale
diagonal of the solid	Raumdiagonale
dimension	Dimension
edge	Kante
face	Fläche, Seite, Seitenfläche
height	Höhe
lateral face	Seitenfläche
length	Länge
plane	eben
plane area	ebene Fläche
plane face	ebene Seitenfläche
rectangular solid [rare]	Quader
space diagonal	Raumdiagonale
width	Breite

cylinder — Zylinder

circular cylinder	Kreiszylinder
curved	gekrümmt
curved area	gekrümmte Fläche
curved face	gekrümmte Seitenfläche
height	Höhe
length	Länge
width	Breite

ellipse — Ellipse

eccentric	exzentrisch
eccentricity	Exzentrizität, numerische Exzentrizität
elliptic	elliptisch
focus (pl. foci)	Brennpunkt
linear eccentricity	lineare Exzentrizität
major radius	große Halbachse
minor radius	kleine Halbachse
semimajor axis	große Halbachse
semi-major axis	große Halbachse
semiminor axis	kleine Halbachse
semi-minor axis	kleine Halbachse

enlargement — Streckung

angle-preserving	winkeltreu
area scale factor	Flächenmaßstab, Skalierungsfaktor der Flächen
center of enlargement [A. E.]	Streckungszentrum
centre of enlargement [B. E.]	Streckungszentrum
circle-preserving	kreistreu

enlargement matrix	Vergrößerungsmatrix
intercept theorem	Strahlensatz
linear scale factor	Längenmaßstab, Skalierungsfaktor der Längen
line-preserving	Geradentreu
proportionality theorem	Strahlensatz
scale	Maßstab
to scale	skalieren
scale factor	Maßstab, Skalierungsfaktor
shape	Form
similar	ähnlich
similarity	ähnlichkeit
size	Größe
theorem of intercepting lines	Strahlensatz
volume scale factor	Skalierungsfaktor der Volumen, Volumenmaßstab

geometric object — geometrisches Objekt

apex	Scheitelpunkt
area	Fläche, Flächeninhalt
base	Grundfläche, Grundseite
→ circle	Kreis
closed curve	geschlossene Kurve
collinear (points)	kollinear (Punkte)
concave polygon	konkaves Polygon
→ cone	Kegel
congruence	Kongruenz
congruent	kongruent
congruent to	kongruent zu
construction	Konstruktion
convex polygon	konvexes Polygon
coplanar (points)	koplanar (Punkte)
→ cuboid	Quader
curve	Kurve
decagon	Dekagon, Zehneck
dodecagon	Dodekagon, Zwölfeck
→ ellipse	Ellipse
figure	Figur
fractal	Fraktal
geometric figure	geometrische Figur
helical	schraubenförmig
helix	Helix, Schraubenlinie
intersection	Schnittfläche, Schnittpunkt
→ line	Gerade
locus (pl. loci)	geometrischer Ort, Ortslinie

net	Auffaltung, Netz
perimeter	Rand (eines geometrischen Objekts)
perimeter (of a geometric object)	Umfang (eines geometrischen Objekts)
plane	Ebene
point	Punkt
polygon	Polygon, Vieleck
polyhedron	Polyeder
→ pyramid	Pyramide
→ quadrilateral	Viereck
re-entrant polygon	konkaves Polygon
region	Bereich, Region
regular decagon	regelmäßiges Dekagon, regelmäßiges Zehneck
regular dodecagon	regelmäßiges Dodekagon, regelmäßiges Zwölfeck
regular polygon	regelmäßiges Polygon, regelmäßiges Vieleck
→ regular polyhedron	reguläres Polyeder
shape	Form, Gestalt
similar	ähnlich
simple closed curve	einfach geschlossene Kurve
size	Größe
→ solid	Körper
spiral	Spirale
surface area	Oberfläche
torus	Ringtorus, Torus
trapezium (pl. trapeziums or trapezia) [B. E.]	Trapez
trapezoid [A. E.]	Trapez
→ triangle	Dreieck

isometry — Isometrie

congruence transformation	Kongruenztransformation
congruent	deckungsgleich, kongruent
direct isometry	gleichsinnige Isometrie
distance-preserving	abstandserhaltend
invariance	Invarianz
invariant	invariant
length-preserving	längentreu
opposite isometry	ungleichsinnige Isometrie
reflection	Reflexion
→ rotation	Rotation
sense	Orientierung
shape	Form
translation	Translation, Verschiebung

line[2]

common point (of two lines)	gemeinsamer Punkt (zweier Geraden)
concurrent lines	sich schneidende Geraden
half-line	Halbgerade
horizontal	horizontal
identical lines	identische Geraden
to intersect	sich überschneiden
intersecting lines	sich schneidende Geraden
intersection point	Schnittpunkt
line AB	Gerade AB
line through A and B	Gerade durch A und B
non-intersecting line	Passante
overlapping lines	zusammenfallende Geraden
parallel [adj.] [adv.]	parallel
perpendicular	senkrecht [adj.], senkrecht [adv.]
perpendicular lines	aufeinander senkrecht stehende Geraden, zueinander normale Geraden
perpendicularly	senkrecht [adv.]
point of intersection	Schnittpunkt
ray (half-line)	Strahl (Halbgerade)
ray with endpoint A	Strahl mit Anfangspunkt A
secant	Sekante
tangent	Tangente
tangent line	Tangente
tangent point	Berührungspunkt
tangential	tangential [adj.]
tangentially	tangential [adv.]
transversal	Transversale
vertical	senkrecht [adj.], vertikal
vertically	senkrecht [adv.]

Gerade

line segment

bisector	Halbierende
golden ratio	goldener Schnitt
golden rule	goldener Schnitt
golden section	goldener Schnitt
half-line with endpoint A	Halbgerade mit Anfangspunkt A
length of line segment AB	Länge der Strecke AB
length of segment AB	Länge der Strecke AB
line segment AB	Strecke AB
measure of (the line segment) AB	Länge der Strecke AB
mediator	Streckensymmetrale
midpoint (of a line segment)	Mittelpunkt (einer Strecke)

Strecke

---

[2] see also chapter Vector geometry

perpendicular bisector	Streckensymmetrale

mapping

bijective	bijektiv
to compose (mappings)	verketten (Abbildungen)
composite mapping	verkettete Abbildung
function[3]	Funktion
image (of a mapping)	Bild (einer Abbildung)
injective	injektiv
to map	abbilden
object (of a mapping)	Urbild (einer Abbildung)
permutation	Permutation
surjective	surjektiv
unique mapping	eindeutige Abbildung

Abbildung

prism

cube	Würfel
cuboid	Quader
oblique prism	schiefes Prisma
right prism	gerades Prisma

Prisma

pyramid

apex (of a pyramid)	Spitze (einer Pyramide)
base edge	Grundkante
lateral edge	Seitenkante
length of the slant height of a pyramid	Höhe der Seitenfläche einer Pyramide (Länge)
rectangular pyramid	Rechteckpyramide
right pyramid	gerade Pyramide
slant height of a pyramid (length)	Höhe der Seitenfläche einer Pyramide (Länge)
slant height of a pyramid (line segment)	Höhe der Seitenfläche einer Pyramide (Strecke)
square pyramid	quadratische Pyramide
triangular based pyramid	Dreieckspyramide
vertex (of a pyramid)	Spitze (einer Pyramide)

Pyramide

quadrilateral

adjacent sides	benachbarte Seiten
cyclic quadrilateral	zyklisches Viereck
isosceles trapezium [B. E.]	gleichschenkliges Trapez
isosceles trapezoid [A. E.]	gleichschenkliges Trapez
kite	Deltoid, Drache, Drachenviereck
oblong	nicht quadratisches Rechteck

Viereck

---

[3] see chapter analysis

opposite sides	gegenüberliegende Seiten
parallelogram	Parallelogramm
quadrangle	Viereck
rectangle	Rechteck
rhombus	Raute, Rhombus
square	Quadrat
trapezium (pl. trapeziums or trapezia) [B. E.]	Trapez
trapezoid [A. E.]	Trapez

regular polyhedron — regelmäßiges Polyeder

tetrahedron	Tetraeder
cube	Hexaeder
octahedron	Oktaeder
dodecahedron	Dodekaeder
icosahedron	Ikosaeder
Euler's formula	Euler'sche Formel

rotation — Rotation

angle of rotation	Drehwinkel
anti-clockwise [adj.] [adv.] [B. E.]	im Gegenuhrzeigersinn
center of rotation [A. E.]	Drehpunkt, Drehzentrum
centre of rotation [B. E.]	Drehpunkt, Drehzentrum
clockwise [adj.] [adv.]	im Uhrzeigersinn
complete rotation	voller Winkel, Vollwinkel
counterclockwise [adj.] [adv.] [A. E.]	im Gegenuhrzeigersinn
direction of rotation	Drehsinn, Rotationsrichtung
direction of the turn	Drehsinn, Rotationsrichtung
half-turn	halbe Drehung
in a clockwise direction	im Uhrzeigersinn
in a counterclockwise direction [A. E.]	im Gegenuhrzeigersinn
in an anti-clockwise direction [B. E.]	im Gegenuhrzeigersinn
quarter of a turn	Vierteldrehung
quarter turn	Vierteldrehung
to rotate	drehen
to turn	drehen
turn	voller Winkel, Vollwinkel

solid — Körper

apex	Scheitelpunkt
→ cone	Kegel
cross-section	Querschnitt
cross-sectional area	Querschnittsfläche
→ cuboid	Quader
→ cylinder	Zylinder
edge	Kante

edge length	Kantenlänge
ellipsoid	Ellipsoid
height	Höhe
→ prism	Prisma
→ pyramid	Pyramide
spacial	räumlich
→ sphere	Kugel
surface area	Oberfläche
vertex (pl. vertices)	Eckpunkt
volume	Volumen

sphere / Kugel

center [A. E.]	Mittelpunkt
centre [B. E.]	Mittelpunkt
equator	äquator
great circle	Großkreis
hemisphere	Halbkugel
radius	Radius

symmetry / Symmetrie

axis of symmetry	Symmetrieachse
center of symmetry [A. E.]	Symmetriezentrum
centre of symmetry [B. E.]	Symmetriezentrum
line of symmetry	Symmetrieachse
line symmetry	Achsensymmetrie
order (of a symmetry)	Ordnung (einer Symmetrie)
plane of symmetry	Symmetrieebene
plane symmetry	Ebenensymmetrie
point symmetry	Punktsymmetrie
rotational symmetry	Rotationssymmetrie
rotational symmetry about point A	Rotationssymmetrie um den Punkt A
symmetry of order n	Symmetrie der Ordnung n

transformation / Transformation

congruence transformation	Kongruenztransformation
enlargement	Vergrößerung, zentrische Streckung
glide reflection	Gleitspiegelung, Schubspiegelung
→ isometry	Isometrie
reflection	Spiegelung
shear	Scherung
similarity transformation	ähnlichkeitsabbildung
stretch	Dehnung
translation	Translation
to displace	verschieben
displaced	verschoben
displacement	Verschiebungsvektor

distance	Abstand
to be a distance d from point A	sich im Abstand d vom Punkt A befinden
to shift	verschieben
shifted	verschoben

triangle / Dreieck

acute triangle	spitzwinkliges Dreieck
altitude (of a triangle)	Höhe (eines Dreiecks)
angle bisector	Winkelhalbierende, Winkelsymmetrale
base angle	Basiswinkel
base of triangle	Grundlinie (eines Dreiecks)
to bisect an angle	einen Winkel halbieren
bisector of an angle	Winkelhalbierende, Winkelsymmetrale
centroid (triangle)	Schwerpunkt (Dreieck)
equiangular triangle	gleichwinkliges Dreieck
equilateral triangle	gleichseitiges Dreieck
foot (of a perpendicular)	Fußpunkt (einer Senkrechten)
general triangle	allgemeines Dreieck
incenter [A. E.]	Inkreismittelpunkt
incentre [B. E.]	Inkreismittelpunkt
incircle	Inkreis
inradius	Inkreisradius
isosceles triangle	gleichschenkliges Dreieck
median	Schwerlinie, Seitenhalbierende
mediator bisector of a side	Seitensymmetrale
mediator of a side	Mittelsenkrechte
obtuse triangle	stumpfwinkliges Dreieck
orthocenter (triangle) [A. E.]	Höhenschnittpunkt
orthocentre (triangle) [B. E.]	Höhenschnittpunkt
perpendicular	senkrecht, Senkrechte
perpendicular bisector of a side	Mittelsenkrechte, Seitensymmetrale
scalene triangle	ungleichseitiges Dreieck
side (triangle)	Schenkel (Dreieck), Seite (Dreieck)
triangle	Dreieck
→ trigonometry	Trigonometrie

trigonometry / Trigonometrie

adjacent	Ankathete
arcus	arcus
cosine	Cosinus
cosine rule	Cosinussatz
cosinus [rare]	Cosinus
cotangent	Cotangens
hypotenuse	Hypotenuse
law of cosines	Cosinussatz

law of sines	Sinussatz
leg (right-angled triangle)	Kathete
opposite	Gegenkathete
Pythagoras' theorem	Satz des Pythagoras
Pythagorean theorem	Satz des Pythagoras
right triangle [A. E.]	rechtwinkliges Dreieck
right-angled triangle [B. E.]	rechtwinkliges Dreieck
side (right-angled triangle)	Kathete
sine	Sinus
sine rule	Sinussatz
sinus [rare]	Sinus
tangent	Tangens
theorem of Pythagoras	Satz des Pythagoras
triangle	Dreieck
trigonometric function[4]	trigonometrische Funktion
unit circle	Einheitskreis

Analysis / Analysis

calculus	Analysis, Differenzial- und Integralrechnung
→ differential calculus	Differenzialrechnung
fundamental theorem of calculus	Hauptsatz der Differenzial- und Integralrechnung
→ integral calculus	Integralrechnung
Cartesian coordinates	kartesische Koordinaten
abscissa	Abszisse
x-axis	x-Achse
y-axis	y-Achse
z-axis	z-Achse
Cartesian coordinate system	kartesisches Koordinatensystem
Cartesian plane	kartesische Ebene
ordinate	Ordinate
quadrant	Quadrant
continuity	Stetigkeit
break	Unstetigkeit
continuous	stetig
continuous at a point	stetig in einem Punkt
discontinuity	Unstetigkeit

---

[4] see chapter analysis

discontinuous	unstetig
gap	Lücke
jump	Sprungstelle
pole	Pol

coordinate system   Koordinatensystem

axis (pl. axes)	Achse
→ Cartesian coordinates	kartesische Koordinaten
coordinate	Koordinate
origin	Nullpunkt
polar coordinates[5]	Polarkoordinaten
zero point	Nullpunkt

curve properties   Kurvendiskussion

asymptote	Asymptote
concave down	rechtsgekrümmt
concave up	linksgekrümmt
concavity	Krümmungsverhalten
critical point	kritischer Punkt
curve sketching	Kurvendiskussion
extremum (pl. extrema)	Extremum (pl. Extrema), Extremwert
global maximum	globales Maximum
global minimum	globales Minimum
horizontal asymptote	horizontale Asymptote
inflection point	Wendepunkt
local maximum	lokales Maximum
local minimum	lokales Minimum
maximum (pl. Maxima)	Maximum (pl. Maxima)
minimum (pl. Minima)	Minimum (pl. Minima)
monotonic	monoton
monotonic decreasing	monoton fallend
monotonic increasing	monoton steigend, monoton wachsend
monotonically decreasing	monoton fallend
monotonically increasing	monoton steigend, monoton wachsend
monotonicity	Monotonie
monotony	Monotonie
non-singular	nicht-singulär
oblique asymptote	schräge Asymptote
point of inflection	Wendepunkt
saddle point	Sattelpunkt
sign diagram	Vorzeichendiagramm
singular	singulär
singularity	Singularität

---

[5] see chapter algebra

stationary point	stationärer Punkt
strictly decreasing	streng monoton fallend
strictly increasing	streng monoton steigend, streng monoton wachsend
symmetric about the origin	symmetrisch zum Ursprung
symmetric about the y-axis	symmetrisch zur y-Achse
symmetry	Symmetrie
vertical asymptote	vertikale Asymptote
zero	Nullstelle

diagram | Diagramm

→ Cartesian coordinates	kartesische Koordinaten
chart	Diagramm
→ coordinate system	Koordinatensystem
to depict	bildlich darstellen, darstellen
to evaluate	auswerten
→ graph	Graph, Kurve
legend (of a diagram)	Legende (eines Diagramms)
pictogram	Piktogramm
pie chart	Kreisdiagramm, Kuchendiagramm
to plot	graphisch darstellen
plot [A. E.]	Diagramm
polar coordinates[6]	Polarkoordinaten
representation	Darstellung
scatter diagram	Punktediagramm, Punktwolke
to show pictorially	bildlich darstellen
tree diagram	Baumdiagramm

differential calculus | Differenzialrechnung

addition rule	Summenregel
chain rule	Kettenregel
curve sketching	Kurvendiskussion
d squared y over d x squared [A. E.]	d y Quadrat nach d x Quadrat
d two y by d x squared [B. E.]	d y Quadrat nach d x Quadrat
d y by d x [B. E.]	d y nach d x
d y over d x [A. E.]	d y nach d x
decrease	Abfall, Abnahme
to decrease	abnehmen
delta y over delta x	Delta y durch Delta x
derivation	Ableitung
derivative	Ableitung
to derive	ableiten, differenzieren
difference quotient	Differenzenquotient

---

[6] see chapter algebra

differentiability	Differenzierbarkeit
differentiable	differenzierbar
differential quotient	Differentialquotient
differentiation rule	Ableitungsregel
to increase	ansteigen
increase	Anstieg
left-hand limit	linksseitiger Grenzwert
multiplication rule	Produktregel
necessary but not sufficient condition	notwendige aber nicht hinreichende Bedingung
necessary condition	notwendige Bedingung
nth derivative	n-te Ableitung
one-sided limit	einseitiger Grenzwert
product rule	Produktregel
quotient of differences	Differenzenquotient
quotient rule	Quotientenregel
rate of change	Änderungsquote, Änderungsrate
right-hand limit	rechtsseitiger Grenzwert
slope of a line	Sekantensteigung, Steigung der Sekante
slope of the normal	Normalensteigung, Steigung der Normalen
slope of the tangent	Steigung der Tangenten, Tangentensteigung
sufficient condition	hinreichende Bedingung
sum rule	Summenregel
y dash (y')	y Strich (y')
y double dash (y")	y zwei Strich (y")
y double prime (y")	y zwei Strich (y")
y prime (y')	y Strich (y')

fitting   Fitten

dependence of A on B	Abhängigkeit von A von B
→ diagram	Diagramm
to evaluate	auswerten
evaluation	Auswertung
to extrapolate	extrapolieren
extrapolation	Extrapolation
fit	Anpassungskurve, Fit
to fit	fitten
to interpolate	interpolieren
interpolation	Interpolation
least squares method	Methode der kleinsten Fehlerquadrate, Methode der kleinsten Quadrate
line of best fit	Ausgleichsgerade
regression line	Regressionsgerade

relation	Beziehung
relationship	Beziehung
representation	Darstellung
variation of A with B	Abhängigkeit von A von B

function

	Funktion
codomain	Wertebereich, Wertemenge
coefficient	Koeffizient
complex function	komplexe Funktion, komplexwertige Funktion
composite function	verkettete Funktion, Verkettung, zusammengesetzte Funktion
constant	Konstante
→ continuity	Stetigkeit
defined	definiert
defined at a point	definiert in einem Punkt
domain	Definitionsbereich, Definitionsmenge
f of x	f von x
function value	Funktionswert
input set	Definitionsbereich, Definitionsmenge
ordered pair	geordnetes Paar
output set	Wertebereich, Wertemenge
→ polynomial	Polynom
range	Wertebereich, Wertemenge
real function	reelle Funktion, reellwertige Funktion
relation	Beziehung
relationship	Beziehung
spreadsheet	Tabelle
→ straight line	Gerade
table	Tabelle
table of values	Wertetabelle
→ types of functions	Funktionentypen
variable	Variable

graph

	Graph, Kurve
directrix (of a parabola)	Leitlinie (einer Parabel)
envelope	Einhüllende
focus (pl. foci) (of a parabola)	Brennpunkt (einer Parabel)
to graph	graphisch darstellen
hyperbola	Hyperbel
line graph	Kantengraph, Liniendiagramm
parabola	Parabel
sine curve	Sinuskurve
sinusoid	Sinusfunktion, Sinuskurve
sinusoidal	sinusförmig

integral calculus

antiderivative	Stammfunktion
area under a graph	Fläche unter einer Kurve
body of revolution	Rotationskörper
definite integral	bestimmtes Integral
definite integral of f(x) taken from a to b	bestimmtes Integral von f(x) von a bis b
Fourier analysis	Fourier-Analyse
improper integral	uneigentliches Integral
indefinite integral	unbestimmtes Integral
integrable	integrable
integral	Integral
to integrate	integrieren
integration	Integration
integration by parts	partielle Integration
lower limit (of an integral)	untere Grenze (eines Integrals)
lower sum	Untersumme
mean value theorem	Mittelwertsatz
partial fraction decomposition	Partialbruchzerlegung
signed area	gerichtete Fläche
solid of revolution	Rotationskörper
substitution rule	Substitutionsregel
upper limit (of an integral)	obere Grenze (eines Integrals)
upper sum	Obersumme

interval / Intervall

closed interval	geschlossenes Intervall
half open interval	halboffenes Intervall
open interval	offenes Intervall

logarithm / Logarithmus

common logarithm	Zehnerlogarithmus
decadic logarithm	Zehnerlogarithmus
logarithm b base c	Logarithmus von b zur Basis c
logarithm of b to base c	Logarithmus von b zur Basis c
logarithm of b with a base c	Logarithmus von b zur Basis c
natural logarithm	natürlicher Logarithmus

polynomial / Polynom

coefficient	Koeffizient
cubic polynomial	kubisches Polynom
degree (of a polynomial)	Grad (eines Polynoms)
polynomial of degree n	Polynom n-ten Grades
power of a variable	Potenz einer Variablen
quadratic polynomial	quadratisches Polynom
variable	Variable

proportionality

constant of proportionality
inverse proportion
inversely proportional
inversely proportional to
a is to b as c is to d
proportion
proportional
proportional to
proportionality constant
reciprocally proportional
reciprocally proportional to
rule of three
x varies directly as y
x varies inversely as y

Proportionalität

Proportionalitätskonstante
umgekehrte Proportion
umgekehrt proportional
umgekehrt proportional zu
a verhält sich zu b wie c zu d
Proportion
proportional
proportional zu
Proportionalitätskonstante
umgekehrt proportional
umgekehrt proportional zu
Dreisatz
x verhält sich proportional zu y
x verhält sich umgekehrt proportional
zu y

sequence

alternating sequence
to approach L
arithmetic sequence
bounded above
bounded below
common difference (of an arithmetic
sequence)
common ratio (of a geometric sequence)

to converge
to converge to L
convergence
convergent
convergent sequence
to diverge
divergence
divergent
divergent sequence
empty sequence
explicit definition
Fibonacci sequence
finite sequence
geometric sequence
implicit definition
infinite sequence
limit

Folge

alternierende Folge
gegen L gehen
arithmetische Folge
nach oben beschränkt
nach unten beschränkt
gemeinsame Differenz (einer
arithmetischen Folge)
gemeinsames Verhältnis (einer
geometrischen Folge)

konvergieren
gegen L konvergieren
Konvergenz
konvergent
konvergente Folge
divergieren
Divergenz
divergent
divergente Folge
leere Folge
explizite Bildungsvorschrift
Fibonacci-Folge
endliche Folge
geometrische Folge
implizite Bildungsvorschrift
unendliche Folge
Grenzwert, Limes

the limit of the sequence x n as	der Grenzwert der Folge x n für n gegen
n approaches infinity is b	Unendlich ist b
lower bound	untere Schranke
lower limit	Limes inferior, unterer Grenzwert
monotonic	monoton
monotonic decreasing	monoton fallend
monotonic increasing	monoton steigend, monoton wachsend
monotonically decreasing	monoton fallend
monotonically increasing	monoton steigend, monoton wachsend
monotonicity	Monotonie
monotony	Monotonie
nth element (of a sequence)	n-tes Folgeglied (einer Folge)
null sequence	Nullfolge
number pattern	Zahlenmuster
ordered set of numbers	geordnete Menge von Zahlen
recurrence relation	rekursive Bildungsvorschrift
recursive definition	rekursive Definition
sequence of numbers	Zahlenfolge
→ series	Reihe
strictly decreasing	streng monoton fallend
strictly increasing	streng monoton steigend, streng monoton wachsend
subscript	Index (pl. Indizes)
upper bound	obere Schranke
upper limit	Limes superior, oberer Grenzwert

series / Reihe

addition sign	Summenzeichen
convergent series	konvergente Reihe
divergent series	divergente Reihe
finite series	endliche Reihe
geometric series	geometrische Reihe
harmonic series	harmonische Reihe
infinite series	unendliche Reihe
partial sum	Partialsumme
s sub n equals the sum a sub i from i equals I to n	s n ist gleich die Summe aller a i von i gleich I bis n

straight line / Gerade

constant function	konstante Funktion
gradient	Steigung
linear function	lineare Funktion
point-slope form	Einpunktform, Punkt-Steigungsform
shallow	flach
slope	Steigung

slope-intercept form	Normalform
steep	steil
straight line through zero	Nullpunktgerade, Ursprungsgerade
two-point form	Zweipunkteform
y-intercept	y-Achsenabschnitt

trigonometric function

	trigonometrische Funktion
amplitude	Amplitude
arc cosine	Arcuscosinus
arc cotangent	Arcuscotangens
arc sine	Arcussinus
arc tangent	Arcustangens
cosine	Cosinus
cosinus [rare]	Cosinus
cotangent	Cotangens
general sine function	allgemeine Sinusfunktion
period	Periode
periodic	periodisch
periodicity	Periodizität
sine	Sinus
sinus [rare]	Sinus
sinusoid	Sinusfunktion, Sinuskurve
sinusoidal	sinusförmig
tangent	Tangens

types of functions

	Funktionentypen
constant function	konstante Funktion
cubic function	kubische Funktion
dilation	Streckung
exponential function	Exponentialfunktion
inverse function	inverse Funktion
linear function	lineare Funktion
log function	Logarithmusfunktion, Logarithmus-Funktion
logarithmic function	Logarithmusfunktion, Logarithmus-Funktion
polynomial	Polynom
quadratic function	quadratische Funktion
reciprocal function	reziproke Funktion, Reziprokfunktion
root of function	Wurzelfunktion
translation	Verschiebung
translation in x-direction	Verschiebung in x-Richtung
translation in y-direction	Verschiebung in y-Richtung
→ trigonometric function	trigonometrische Funktion

Vector geometry / Vektorgeometrie

arrow representation

    arrow

    direction

    final point of a vector

    head of a vector

    initial point of a vector

    length of a vector

    to point (in a certain direction)

    to re-scale (a vector)

    to shorten a vector

    start of a vector

    to stretch a vector

    tail of a vector

    tip of a vector

Pfeil-Repräsentation

    Pfeil

    Richtung

    Endpunkt eines Vektors

    Endpunkt eines Vektors

    Anfangspunkt eines Vektors

    Länge eines Vektors

    zeigen (in eine bestimmte Richtung)

    skalieren (einen Vektor)

    einen Vektor stauchen

    Anfangspunkt eines Vektors

    strecken (einen Vektor)

    Anfangspunkt eines Vektors

    Endpunkt eines Vektors, Spitze eines Vektors

line[7]

    common point (of two lines)

    concurrent lines

    identical lines

    to intersect

    intersecting lines

    intersection point

    non-intersecting line

    overlapping lines

    parallel lines

    point of intersection

    skew lines

Gerade

    gemeinsamer Punkt (zweier Geraden)

    sich schneidende Geraden

    identische Geraden

    sich überschneiden

    sich schneidende Geraden

    Schnittpunkt

    Passante

    zusammenfallende Geraden

    parallele Geraden

    Schnittpunkt

    windschiefe Geraden

vector

    → arrow representation

    collinear

    column vector

    component (of a vector)

    cross product

    to decompose a vector

    dot product

    inner product

    linearly dependent

    linearly independent

Vektor

    Pfeil-Repräsentation

    kollinear

    Spaltenvektor

    Komponente (eines Vektors)

    äußeres Produkt, Kreuzprodukt, Vektorprodukt

    einen Vektor zerlegen

    inneres Produkt, Skalarprodukt

    inneres Produkt, Skalarprodukt

    linear abhängig

    linear unabhängig

---

[7] see also chapter geometry

magnitude of a vector	Betrag eines Vektors, Länge eines Vektors
norm of a vector	Betrag eines Vektors, Länge eines Vektors
null vector	Nullvektor
orthogonality	Orthogonalität
outer product	äußeres Produkt, Kreuzprodukt, Vektorprodukt
resolution of a vector	Vektorzerlegung
to resolve (a vector)	zerlegen (einen Vektor)
row vector	Zeilenvektor
scalar product	inneres Produkt, Skalarprodukt
scalar quantity	skalare Größe
to transpose	transponieren
unit vector	Einheitsvektor
vector analysis	Vektoranalysis
vector decomposition	Vektorzerlegung
vector product	äußeres Produkt, Kreuzprodukt, Vektorprodukt
vector quantity	vektorielle Größe
zero vector	Nullvektor

vector addition — Vektoraddition

parallelogram rule	Parallelogramm-Regel
resultant	resultierender Vektor
resultant vector	resultierender Vektor
vector subtraction	Vektorsubtraktion

vector space — Vektorraum

inverse vector	inverser Vektor
null vector	Nullvektor
scalar	Skalar
scalar multiplication	Skalarmultiplikation
→ vector	Vektor
→ vector addition	Vektoraddition

Statistics and probability theory / Statistik und Wahrscheinlichkeitsrechnung

average — Durchschnitt, Mittelwert
- arithmetic mean — arithmetisches Mittel
- on average — im Mittel
- to average — mitteln
- geometric mean — geometrisches Mittel
- harmonic mean — harmonisches Mittel
- mean — Mittelwert
- median — Median, Zentralwert
- mode — Modus

combinatorial analysis — Kombinatorik
- combination — Kombination
- n factorial — n Faktorielle [selten], n Fakultät
- n over k (number of subsets of cardinality k of a set of cardinality n) — n über k (Anzahl der k-elementigen Teilmengen einer n-elementigen Menge)
- permutation — Permutation

conditional probability — bedingte Wahrscheinlichkeit, konditionale Wahrscheinlichkeit
- Bayes' theorem — Satz von Bayes
- bias — Bias, Verzerrung
- dependent events — abhängige Ereignisse, voneinander abhängige Ereignisse
- independent events — unabhängige Ereignisse, voneinander unabhängige Ereignisse
- multiplication law — Multiplikationssatz

distribution — Verteilung
- bell curve — Glockenkurve
- bell-shape — Glockenform
- binomial distribution — Binomialverteilung
- center of a distribution [A. E.] — Zentrum einer Verteilung
- central limit theorem — zentraler Grenzwertsatz
- centre of a distribution [B. E.] — Zentrum einer Verteilung
- correlation — Korrelation
- covariance — Kovarianz
- density function — Dichtefunktion
- deviation — Abweichung
- measure of central tendency — Lageparameter
- measure of dispersion — Dispersionsmaß
- measure of variability — Streuungsmaß

normal distribution   Normalverteilung
normal distribution curve   Normalverteilungskurve
probability density function   Wahrscheinlichkeitsdichtefunktion
range   Spannweite
standard deviation   Standardabweichung
variance   Varianz

event   Ereignis

certain event   sicheres Ereignis
complementary event   Gegenereignis, Komplementärereignis
disjoint events   disjunkte Ereignisse
evens   Ereignis mit 50%-Wahrscheinlichkeit
exclusive events   sich ausschließende Ereignisse
impossible event   unmögliches Ereignis
mutually exclusive events   sich gegenseitig ausschließende Ereignisse

frequency   Häufigkeit

absolute frequency   absolute Häufigkeit
bar chart   Balkendiagramm, Histogramm
block graph   Balkendiagramm, Histogramm
contingency table   Kontingenztabelle, Kontingenztafel, Vierfeldertafel

cumulative frequency   Summenhäufigkeit
cumulative frequency diagram   Summenhäufigkeitsdiagramm
frequency diagram   Häufigkeitsdiagramm
frequency table   Häufigkeitstabelle
histogram   Balkendiagramm, Histogramm
ogive   Summenhäufigkeitsdiagramm, Summenpolygon

relative frequency   relative Häufigkeit
→ tally   Strichliste

game theory   Spieltheorie

to cast a dice [coll.]   einen Würfel werfen
to cast a die   einen Würfel werfen
a coin lands head (tail)   eine Münze landet mit „Kopf" („Zahl")
a coin lands head (tail) up   eine Münze landet mit „Kopf" („Zahl") oben

to dice   würfeln
dice (game) [sg.] [coll.]   Würfel (Spiel) [sg.]
dice (game) [pl.]   Würfel (Spiel) [pl.]
die (game) [sg.]   Würfel (Spiel) [sg.]
to draw a card   eine Karte ziehen
to draw beads   Perlen ziehen
face (of a die)   Seite (eines Würfels)
fair dice   faire Würfel

fair dice [sg.] [coll.]	fairer Würfel
fair die	fairer Würfel
pack of cards	Kartenspiel, Kartenstapel
to roll a dice [coll.]	einen Würfel werfen
to roll a die	einen Würfel werfen
roll of a dice [coll.]	Wurf eines Würfels
roll of a die	Wurf eines Würfels
to toss a coin	eine Münze werfen

hypothesis testing — Testen von Hypothesen

false negative prediction	falsche negative Vorhersage
false positive prediction	falsche positive Vorhersage
Fehler 1. Art	type I error
Fehler 2. Art	type II error
negative predictive value	negativer Vorhersagewert
null hypothesis	Nullhypothese
positive predictive value	positiver Vorhersagewert
right negative prediction	richtige negative Vorhersage
right positive prediction	richtige positive Vorhersage
sensitivity	Sensitivität
specivity	Spezifität

probability calculation — Wahrscheinlichkeitsrechnung

Bernoulli experiment	Bernoulli-Experiment
→ conditional probability	bedingte Wahrscheinlichkeit
equally likely	gleich wahrscheinlich
even chance	gleiche Chance
→ event	Ereignis
expectation	Erwartungswert
expected value	Erwartungswert
→ game theory	Spieltheorie
→ hypothesis testing	Testen von Hypothesen
law of large numbers	Gesetz der grossen Zahlen
likelihood	Likelihood, Wahrscheinlichkeit
likely	wahrscheinlich
mathematical expectation	Erwartungswert
mean	Erwartungswert
n ways to occur	n Möglichkeiten einzutreten
odds	Odds, Quote
outcome (of a probability experiment)	Ergebnis (eines Zufallsexperiments)
Pascal's triangle	Pascalsches Dreieck
possibility space	Möglichkeitsraum
probability	Wahrscheinlichkeit
probability distribution	Wahrscheinlichkeitsverteilung

probability of an event occurring	Wahrscheinlichkeit, dass ein Ereignis eintritt
probability space	Wahrscheinlichkeitsraum
random	zufällig
at random	zufällig
random generator	Zufallsgenerator
random number	Zufallszahl
random number generator	Zufallszahlengenerator
random variable	Zufallsvariable
→ sample	Stichprobe
one to three (1 : 3)	eins zu drei (1 : 3)
tree diagram	Baumdiagramm
unlikely	unwahrscheinlich

sample — Stichprobe

class interval	Klassierungsintervall
data	Daten
→ event	Ereignis
grouped data	in Klassen eingeteilte Daten
interquartile range	Interquartilsabstand
lower quartile	unteres Quartil
moving range	gleitende Spannweite
percentile	Perzentil
percentile range	Prozentbereich
population	Grundgesamtheit
population size	Umfang der Grundgesamtheit
quantile	Quantil
quartile	Quartil
range	Spannweite
to sample	eine Stichprobe entnehmen
sample size	Stichprobenumfang
sample space	Ergebnisraum, Stichprobenraum
sampling	Stichprobenentnahme
spread	Dispersion, Streuung
total sample size	Stichprobenumfang
upper quartile	oberes Quartil

tally — Strichliste, Zählstrich

hash mark	Zählstrich
mark	Markierung
to tally	mittels Zählstrichen zählen
tally mark	Zählstrich
given that … (conditional probability)	unter der Voraussetzung, dass … (bedingte Wahrscheinlichkeit)

Vom selben Autor

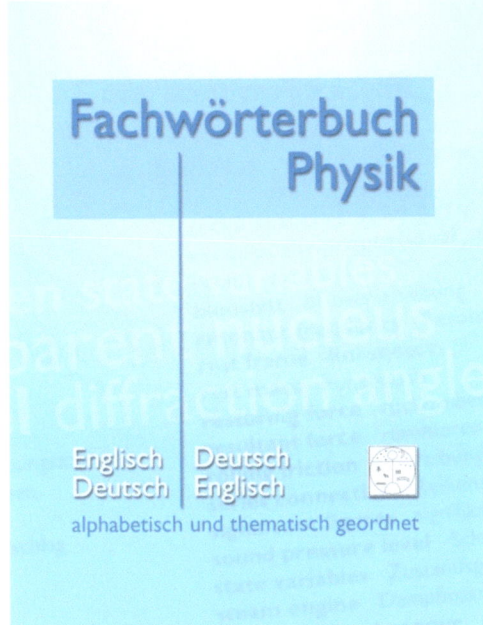

„Fachwörterbuch Physik"
alphabetisch und thematisch
geordnet
Englisch – Deutsch,
Deutsch – Englisch

BoD-Verlag Norderstedt (2012)

ISBN: 978-3-8482-0918-7

http://www.amazon.de/
http://www.amazon.com/
http://www.buch.ch/
…

Das „Fachwörterbuch Physik" enthält die im mathematisch-naturwissenschaftlichen Zusammenhang korrekten Übersetzungen von ca. 2200 grundlegenden Begriffen aus allen Gebieten der Physik einschließlich Begriffen aus der Technik und der Chemie vom Deutschen ins Englische und umgekehrt.

Aufgebaut wie das „Fachwörterbuch Mathematik" bietet dieses Werk neben der alphabetischen Aufstellung aller Begriffe zudem die Gruppierungen dieser Wörter nach 26 Themen wie Radioaktivität, Hydrostatik, Elektrodynamik oder Optik.

Vom selben Autor

„Physics Formulas and Tables"
A formulary for use in immersive teaching

Klett und Balmer Verlag Zug (2011)

ISBN 978-3-264-83994-4

http://www.klett.ch/

Diese physikalische Formelsammlung ist entstanden für den Gebrauch im Bilingual- bzw. Immersionsunterricht an Sekundarschulen oder Gymnasien im deutschsprachigen Raum.
Größter Wert wurde auf die Verwendung der korrekten britisch-englischen Fachbegriffe gelegt.
Das Buch erweist sich ebenfalls als hilfreich für Studenten und Lehrer an Universitäten und Hochschulen.
Zudem ist es von Interesse für Schüler, Studenten und Lehrer im englischsprachigen Raum.